职业教育课程改革创新示范精品教材

打荷与炒锅

主　编　向　军　安万国　史德杰
副主编　刘　龙　王　辰
参　编　高新宇　李　冬　牛京刚
　　　　范春玥　李　寅　贾亚东

北京理工大学出版社
BEIJING INSTITUTE OF TECHNOLOGY PRESS

内 容 提 要

本书是北京市课改实施的"中等职业学校以工作过程为导向课程改革实验项目"的中餐烹饪专业系列教材。

本书根据炒锅、打荷两个典型职业活动要求，遵循学生技能学习由简单到复杂的基本规律，划分为6个学习单元：炒制类菜肴的处理与烹制，煎制类菜肴的处理与烹制，炸制类菜肴的处理与烹制，溜制类菜肴的处理与烹制，爆制类菜肴的处理与烹制，塌、烹制类菜肴的处理与烹制。6个单元共安排了16个任务，每个任务包括一个主菜肴和一个辅助训练菜肴。

另外，每个单元之前都有学习导读，内容主要包括任务简介和学习要求等；而单元结束之后，还配有任务检测，涵盖了技能大赛和人力资源与社会保障部考证热菜的部分内容。

本书可作为中等职业学校中餐烹饪专业核心课程教材，也可作为技能鉴定考证培训和各类相关企业培训参考用书。

版权专有　侵权必究

图书在版编目（CIP）数据

打荷与炒锅 / 向军, 安万国, 史德杰主编. — 北京：
北京理工大学出版社, 2021.10
ISBN 978-7-5763-0714-6

Ⅰ.①打… Ⅱ.①向… ②安… ③史… Ⅲ.①中式菜肴—烹饪 Ⅳ.①TS972.117

中国版本图书馆CIP数据核字（2021）第244702号

出版发行 / 北京理工大学出版社有限责任公司
社　　址 / 北京市海淀区中关村南大街5号
邮　　编 / 100081
电　　话 / （010）68914775（总编室）
　　　　　（010）82562903（教材售后服务热线）
　　　　　（010）68944723（其他图书服务热线）
网　　址 / http://www.bitpress.com.cn
经　　销 / 全国各地新华书店
印　　刷 / 定州启航印刷有限公司
开　　本 / 889毫米×1194毫米　1/16
印　　张 / 14
字　　数 / 323千字
版　　次 / 2021年10月第1版　2021年10月第1次印刷
定　　价 / 53.00元

责任编辑 / 李慧智
文案编辑 / 杜　枝
责任校对 / 刘亚男
责任印制 / 边心超

图书出现印装质量问题，请拨打售后服务热线，本社负责调换

前言

随着社会经济的迅速发展和餐饮业的不断变革，烹饪工艺的不断发展与创新，烹饪文化呈现多元化，对烹饪人才的综合素质要求越来越高。炒锅与打荷课程是中等职业学校中餐烹饪专业的一门专业核心课程，是由炒锅工作和打荷工作典型职业活动经过整合后直接转化的课程。本书的定位是主要训练烹饪（中餐）专业热菜厨房中打荷、炒锅岗位技能——油烹类菜肴的制作。本课程的主要任务是使学生具备较强的中餐热菜烹调技能和规范操作能力，对菜肴进行整理和装饰的能力，培养学生的安全卫生意识，提高学生的沟通合作能力和应变能力。本书根据中餐热菜厨房岗位实际，首次引入打荷工作，强调的是打荷与炒锅两个岗位的配合。

本书以就业为导向，以学生为主体，不仅注重"做中学，做中教，教学做合一"，而且着眼于学生综合职业能力的培养。本书主要编写特色有以下几点：

1. 按照现代企业厨房岗位要求设置学习任务

本书从岗位实际出发，将炒锅与打荷岗位工作分别进行整合，设计出具有典型性的工作任务，通过设置炒锅与打荷合作的真实工作情景，让学生在学习中体验完整的工作过程与岗位间的协作配合，为将来顺利适应工作环境和今后职业发展奠定坚实的基础。

2. 实现理论实践一体化，突出学生综合职业能力的培养

本书打破过去传统烹饪教材单纯教授技能的局限，在三维学习目标中，系统地对学生在烹饪职业意识、职业习惯、岗位间沟通合作能力、厨房操作安全能力、菜品质量和厨房卫生意识等方面提出了要求。在学习评价的各个环节中，突出强调对学生综合职业素质和能力的评价与考核。同时，本着教师在做中教、学生在做中学的原则，以实践问题的解决为纽带，将理论、实践、知识、技能以及情感态度有机整合，实现理论实践一体化。

3. 对接行业技能标准，准确把握教学目标与评价标准

在菜品质量评价中融入了中式烹调师职业技能鉴定标准，以行业的标准夯实学生技能基础。在工作过程评价中，注重与企业岗位工作标准对接，评价标准融入现代餐饮企业对于打荷、炒锅岗位的工作要求与标准，按企业的标准培养学生实际工作能力。另外，在练习与思考环节，本书专门设计了技能考核的理论与实操试题，全面检验学生的学习效果。

4. 以任务为载体，体现工作过程的完整性

依据现代企业厨房按照烹饪技法细化岗位内部分工的职业活动规律，按照菜肴的制作工艺由简单到复杂、训练内容由单一到综合的逻辑顺序安排任务，在每个任务内部，以经典菜品的加工制作任务为载体，将开档备料、接单制作、划单出菜、收档整理等一整套炒锅与打荷岗位工作过程完整再现，突出培养学生在工作过程中掌握和运用知识的能力。

5. 主辅任务结合，注重培养学生的自我学习能力

任务按照由引导学习到自主训练的逻辑顺序，让学生在知识技能学习的基础上，举一反三，自主学习与合作学习相结合，巩固所学知识技能，形成和提高综合职业能力。此外，在载体的选择上，充分考虑与水台、砧板课程的衔接及原材料的成本及季节特点，实现了烹饪专业教学内容的系列化。

6. 图文并茂，浅显直观，交互性强

本书的文字浅显易懂，并配有大量精美图片，图片均为编写人员在真实厨房环境中专门为本书的编写而拍摄，针对性强，与文字配合度高。文字突出了关键技能的提示，预设了学生学习中可能会出现的问题，经验性的知识以技术要点和小贴士的形式呈现，在降低学习难度的同时，提高了交互性。每个任务后面链接了大量烹饪文化知识、原料知识、技法知识等，为学生的自主学习、课外知识拓展提供了丰富的素材。

本书以任务为载体，每个任务包含两个典型菜肴，主菜肴的学习时间为6学时，在打荷与炒锅环境中根据任务要求，按照工作流程完成菜肴的制作。自主训练菜肴学习时间为3课时。教师可以根据学生主菜肴学习的情况，按照规定技法要求对辅助训练菜肴进行选择与创编，或者安排学生在课下完成。

本书的整体设计体现为学习使用者自主学习、合作学习服务的宗旨，在实施中建议学生通过小组合作的形式，集体制订计划，合作实施计划，共同评价制作成果。学生在合作的基础上，以小组为单位，在教师的指导下，自主收集资料、主动开展理论与技能学习、自我评价工作成果，充分实现自主学习与合作学习。

本书是以工作过程为导向的专业课程改革烹饪（中餐）专业核心课程教材，适用于所有开设该专业的中等职业学校。本书在编写过程中，教学目标涵盖了专业课程目标、技能考核和行业标准。因此，本书同样适用于中餐烹饪技能鉴定和各类相关企业培训。

教学建议

1. 教学方法

在教学过程中应充分利用模拟仿真或真实的实训环境，以行动为导向，采用任务教学法、模拟情境教学法等，通过小组合作、技能展示等方式，开展教学活动，综合培养学生的职业能力。

2. 评价方法

本课程评价坚持评价主体、评价过程、评价方式的多元化原则，坚持以学生自评、学生互评、教师评价、企业参与评价相结合为原则，采用过程性评价的方式，既注重单项技能与规范，又兼顾完成任务所需的职业能力。

3. 教学设备与学习场景

教学过程需要在具备中餐烹饪设备的实训室中完成，让学生在仿真或真实的中餐烹饪环境中进行实践，掌握中餐炒锅岗位工作流程，达到中餐炒锅相关岗位的工作要求。具体教学设备要求参照各地《烹饪专业实训基地装备标准》。有条件的学校可以直接参与酒店的中餐厨房实践。

4. 任课教师

任课教师应熟练掌握中餐炒锅岗位的知识与技能，熟悉企业工作流程，具有企业实践经验，具有中式烹调师高级以上职业资格证书。

本课程共144课时，6个单元16个任务。具体学时分配见下表（仅供参考）。

单元	建议学时
单元一 炒制类菜肴的处理与烹制	27
单元二 煎制类菜肴的处理与烹制	18
单元三 炸制类菜肴的处理与烹制	36
单元四 溜制类菜肴的处理与烹制	18
单元五 爆制类菜肴的处理与烹制	27
单元六 塌、烹制类菜肴的处理与烹制	18

本书由北京市劲松职业高中中餐烹饪专业正高级教师向军、丰泽园中餐行政总厨安万国和中餐烹饪专业教师史德杰担任主编，他们共同负责了6个单元的整体设计、视频拍摄及10个任务的文字撰写；副主编北京市劲松职业高中刘龙、王辰，参编北京市劲松职业高中牛京刚、李寅、范春玥，中餐烹饪专业教师贾亚东，大董烤鸭店行政总厨高新宇及瑜舍酒店中餐总厨李冬等企业专家共同承担了16个任务的文字撰写及视频拍摄，并为本教材体例和内容的设计提供了宝贵意见。本教材编写人员拥有20余年的一线工作经验和丰富的国内外企业实践经历，全部参加了以工作过程为导向的课程改革新课程的开发与实施。本教材在编写过程中，得到了北京市课改专家杨文尧校长、北京教育科学研究院的大力支持与耐心指导，有效保证了教材的专业性、实用性、先进性。在此一并感谢！

由于编者水平有限，书中遗漏和欠妥之处在所难免，真诚希望广大读者批评指正。读者意见反馈邮箱：zczy08@163.com。

编　者

2021年7月

目录
CONTENTS

单元一　炒制类菜肴的处理与烹制

学习导读 ·· 2
任务一　生炒——尖椒土豆丝的处理与烹制 ·· 12
任务二　熟炒——回锅肉的处理与烹制 ·· 22
任务三　滑炒——鱼香肉丝的处理与烹制 ·· 35

单元二　煎制类菜肴的处理与烹制

学习导读 ·· 54
任务一　煎——香煎芙蓉蛋的处理与烹制 ·· 56
任务二　煎烹——果汁煎肉脯的处理与烹制 ··· 66

单元三　炸制类菜肴的处理与烹制

学习导读 ·· 78
任务一　软炸——软炸里脊的处理与烹制 ·· 80
任务二　酥炸——香酥鸡的处理与烹制 ·· 90
任务三　碎屑料品炸——西法肉的处理与烹制 ··· 102
任务四　脆炸、包卷炸——炸五丝筒的处理与烹制 ···································· 111

单元四　溜制类菜肴的处理与烹制

学习导读 ··· 122

任务一 滑溜——芙蓉鸡片的处理与烹制 ………………………………… 124

任务二 焦溜——抓炒里脊的处理与烹制 ………………………………… 135

单元五 爆制类菜肴的处理与烹制

学习导读 ……………………………………………………………………… 150

任务一 芫爆里脊的处理与烹制 ……………………………………………… 152

任务二 油爆——宫保鸡丁的处理与烹制 …………………………………… 162

任务三 酱爆——酱爆鸡丁的处理与烹制 …………………………………… 174

单元六 塌、烹制类菜肴的处理与烹制

学习导读 ……………………………………………………………………… 184

任务一 锅塌——锅塌豆腐的处理与烹制 …………………………………… 186

任务二 炸烹——炸烹虾段的处理与烹制 …………………………………… 195

附录 实习生岗前培训手册

单元一　炒制类菜肴的处理与烹制

学习导读

【学习内容】

本单元主要以运用"炒"的技法典型菜肴为载体，让学生通过完整的工作任务掌握炒锅与打荷岗位的相关知识、技能和经验。本单元系统地对学生在餐饮职业意识、职业习惯和炒锅与打荷岗位间的沟通合作能力以及厨房操作安全、菜品质量和厨房卫生意识等方面提出了要求。

"炒"是指将烹调原料加工成形，投入热锅少量底油内，急火快速翻拌，调味，汤汁较少，不勾芡，迅速成菜的一种烹调方法。炒是最广泛、最实用的烹调技法，适用于炒的原料，多系经刀工处理过的小型丁、丝、条、球等。根据所用原料的性质和具体操作手法的不同，炒可分为生炒、熟炒、滑炒、软炒等具体方法。

【任务简介】

本单元由三组炒制类菜肴的处理与制作任务组成，每组任务由"炒锅"与"打荷"两个岗位在企业厨房工作环境中配合完成。

尖椒土豆丝的处理与烹制是以训练"生炒"技法为主的实训任务，其特点是主料不挂糊，辅助原料数量较少，突出主料，清淡爽口。本任务的自主训练内容为清炒白菜丝的处理与烹制。

回锅肉的处理与烹制是以训练"熟炒"技法为主的实训任务。回锅肉是川味名菜，也是"熟炒"技法的典型菜肴，其特点是先将大块原料熟处理，改刀后加入热油锅中略炒，然后依次加入配料、调味料或汤汁，翻炒均匀。本任务的自主训练内容为辣炒萝卜条的处理与烹制。

鱼香肉丝的处理与烹制是以训练"滑炒"技法为主的实训任务。滑炒是先将切成小型的原料上浆划油，再加少量油用旺火加配料急速翻炒，最后兑汁或勾薄芡的烹调法。本任务的自主训练内容为蚝油牛肉的处理与烹制。

【学习要求】

本单元要求学生在与企业厨房生产环境一致的实训环境中完成工作任务。学生通过实际训练能够初步体验适应炒锅与打荷工作环境；能够按照炒锅岗位工作流程运用生炒、熟炒、滑炒等技法和勺工、火候、调味、勾芡、装盘技术完成典型菜肴的制作；能够按照打荷岗位工作流程基本完成开档和收档工作。同时，在工作中应培养出合作意识、安全意识与卫生意识。

【相关知识】

（一）认识炒锅与打荷工作情境

炒锅与打荷课程学习在炒锅与打荷仿真实训室（图1-0-1）完成，实训场地面积生均不少于2.5平方米，空间布局合理、照明充足、遮光通风、具备三条线（配菜台、打荷台、中餐炒灶）、水电煤气接入正常；工作台柜、中式炒灶、万能蒸烤箱、双头低汤灶、调料车、抽油烟设备、保鲜冰箱、保温箱等实训设备齐备，工位数在40个以上，设备摆放模拟酒店厨房热菜间布局。

（二）认识炒锅与打荷岗位工作流程

炒锅与打荷岗位工作流程如图1-0-2所示。

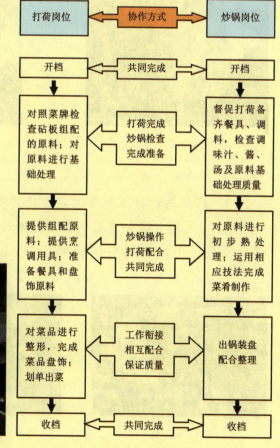

图1-0-1　炒锅与打荷仿真实训室

图1-0-2　炒锅与打荷岗位工作流程

1. 炒锅与打荷工作都需要进行开餐前的准备工作（餐饮行业叫作"开档"）

（1）将打荷岗位所需工具准备齐全，如图1-0-3～图1-0-5所示。

图1-0-3　清理调料盒及调料

图1-0-4　补齐调料及烹调用油

图1-0-5　准备器皿及清理卫生

（2）将炒锅岗位所需工具准备齐全，如图1-0-6～图1-0-8所示。

图1-0-6　烧锅并清理灶前工具

图1-0-7　过滤烹调用油

图1-0-8　补齐烹调用油

2. 炒锅与打荷工作都需要进行开餐后的收尾工作（餐饮行业叫作"收档"）

（1）依据小组分工对剩余的原料进行妥善保存，然后清洁工作台面，清洁电器设备，如图1-0-9～图1-0-11所示。

图1-0-9　保存剩余原料

图1-0-10　清洁工作台面

图1-0-11　清洁电器设备

（2）依据小组分工对工作区域的设备、工具进行清洗，所有物品经整理后归原处并码放整齐，如图1-0-12～图1-0-14所示。

图1-0-12　清洁地面　　　　图1-0-13　清洁灶具　　　　图1-0-14　整理货架

（3）关闭燃气灶具、总开关和电源（图1-0-15～图1-0-17），然后将厨余垃圾经分类后送到指定垃圾站点。

图1-0-15　关闭燃气灶具　　　图1-0-16　关闭燃气总开关　　　图1-0-17　关闭电源

（三）炒锅与打荷常用设备

炒锅与打荷常用设备如图1-0-18～图1-0-26所示。

图1-0-18　燃气鼓风双头双尾灶　　图1-0-19　燃气中餐二主二子灶　　图1-0-20　燃气鼓风二眼蒸气锅灶

图1-0-21 单面拉门柜带配菜架

图1-0-22 双面拉门操作柜

图1-0-23 带脚踏板操作柜

图1-0-24 简易调料车

图1-0-25 调料缸

图1-0-26 火锅盘、大勺、铲

（四）按照打荷、炒锅工作任务需求准备常规工具

1．打荷岗位所需常规工具

打荷岗位所需常规工具如图1-0-27～图1-0-41所示。

图1-0-27 调料盒

图1-0-28 调味勺

图1-0-29 马斗

图1-0-30 菜筐

图1-0-31 灭火毯

图1-0-32 筷子

图 1-0-33　片刀

图 1-0-34　砧墩

图 1-0-35　擦床

图 1-0-36　镊子

图 1-0-37　厨房用纸

图 1-0-38　板刷

图 1-0-39　保鲜膜

图 1-0-40　八寸①圆盘

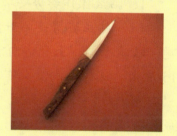
图 1-0-41　雕刻直刀

2. 炒锅岗位所需常见工具

炒锅岗位所需常见工具如图 1-0-42～图 1-0-50 所示。

图 1-0-42　马斗及配菜盘

图 1-0-43　漏勺

图 1-0-44　手勺

---

① 1寸≈3.33厘米。

图 1-0-45 煸锅

图 1-0-46 锅托

图 1-0-47 炊手

图 1-0-48 油監子

图 1-0-49 带手布

图 1-0-50 筷子

(五)勺工知识与技能准备

1. 临灶操作姿势要求

（1）站立姿势：临灶操作时，身体自然站直开立，两脚自然分开，与肩保持同宽，眼睛平视。上身略向前倾，不要弯腰曲背，身体与炉灶台保持一定距离，间隔约15厘米。这样既方便操作，又可减少身体疲劳，提高工作效率。在训练之初，往往以"四点一线"作为训练目标，即选择一面墙壁作为参照面，使脚后跟、臀、背和头部成一条直线，如图 1-0-51 所示。

（2）操作中动作要求。以用炒锅（勺）为例，一般左手紧握锅（勺）柄，右手持手勺，目光注意锅（勺）中食物的变化，两手有节奏地持勺搅拌，翻推，动作要灵活、敏捷、准确、协调。

（3）端握单把炒锅的方法。正确的端握单把炒锅姿势（图 1-0-52）为面对炉灶，上身自然挺起，双脚分开，与肩同宽站稳，身体与炉灶相距15厘米。左手掌心向上，大拇指在上，其余四指并拢握住锅柄，端握炒锅时力度要适中，而且锅也应该端平，端稳。

图 1-0-51 站立姿势

图 1-0-52 端握单把炒锅姿势

（4）端握双耳炒锅的方法。正确的端握双耳炒锅姿势（图1-0-53和图1-0-54）是左手大拇指勾住锅耳，其余四指并拢，掌心向着锅沿，紧贴锅沿，握锅时五指同时用力，夹住炒锅。

（5）正式烹调时，应该用厚的湿抹布包裹住锅耳，以免把手烫伤。

端锅的操作要领如下：

①动作正确：单锅用左手握住锅把，双耳炒锅用左手大拇指勾住锅把并用其余四指托住锅身，将锅置于胸前约15厘米处。

②持锅平稳：锅应平稳地端于正前方，不能歪，也不能斜。

③力度适中：应根据锅的重量和自己的力量使用适中的力度将其托住，不要举得过高，也不能过低。

④耐力恒定：要将锅托住，端稳，端平放于正前方，并能够坚持数分钟而不变形。

（6）手勺的基本拿法。

手的姿势：手勺一般放在右手抓握，拿勺时身体仍然要自然站直，伸出右手，将勺柄放入掌心，大拇指和其余四指自然弯曲，抓住勺柄，可以通过手腕进行自由转动，如图1-0-55所示。

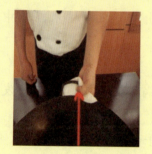
图1-0-53　正确的端握双耳炒锅姿势（一）

图1-0-54　正确的端握双耳炒锅姿势（二）

图1-0-55　手的姿势

①小翻勺的方法。翻勺又称颠勺，其操作方法是手握炒锅，端平端稳，先用力向前推，使原料向前滑动，然后再将锅稍稍送扬，将原料送出锅沿，再微微用力向后拉，将翻转后的原料接入锅中并托住锅。

②小翻锅的原理。小翻勺是指原料在锅内进行小于180度的翻转，即把锅内原料的一部分翻转过来，这种翻锅方法要求用力较小，锅的上扬幅度也较小。通常左手握锅，略微向前倾斜，使锅实现前低后高，采用推、拉、扬、接的连贯动作，让原料在锅内翻转，如图1-0-56～图1-0-59所示。

③操作中动作要求。以用炒锅（勺）为例，一般左手紧握锅（勺）柄，右手持手勺，目光注意锅（勺）中食物的变化，两手有节奏地持勺搅拌，翻推，动作要灵活、敏捷、准确、协调。

图 1-0-56 推　　图 1-0-57 拉　　图 1-0-58 扬　　图 1-0-59 接

提示：手勺拿在手中的部位：手勺柄的末端一定要抓在掌心内，初学者一般不注意这方面。手勺柄抓得过于偏后，则不方便用力；倘若抓得过于偏向前方，后面的柄尖容易抵住胳膊，不方便转动手勺。

④拿手勺的方向。在具体练习或操作中，一般将食指自然地放于勺柄的背部，这样的操作比较方便使用手勺进行推、拉、扬、接等一系列动作。

2. 临灶的勺工

临灶的勺工包括握锅（握勺）、翻锅（翻勺）、出锅（出勺）三项技术，其中颠翻勺为最关键的一环。其动作要领和训练环节如下：

（1）动作要领。

①握手柄把以握住、握牢、握稳为度。这种握法便于翻锅（翻勺），可充分发挥腕力与臂力的作用，动作灵活、准确。

②烹调时双手配合，左手握住炒锅（勺）翻动，右手执住手锅（勺），根据炒锅（勺）翻动的情况配合操作。

（2）训练环节。

①单手练习翻砂包，砂包逐渐由少变多练习翻锅，数量逐步提升，至少练习200次（砂包不能低于6个）。

②使用助翻的手法练习翻锅。

③装盘利用盛装法盛装菜肴；要求利索、周正、美观。

厨房工作程序

上班做事第一桩，检查当日备货箱。

规定时间去出库，物品数量要记详。

先入先出有规定，领来调料加料缸。

送来货物先检验，把好质量第一关。

砧板冰箱常清洗，生熟分开要牢记。

卫生标准要坚持，食物中毒要防止。

餐前准备最重要，主厨负责监督好。

费时食品先预制，开餐以后不动刀。

荷台小料准备足，重要物品勿忘掉。

根据需要搬餐具，荷台整洁别潦草。

鲜花绿叶准备好，菜品装盘很重要。

油气燃料提前备，上菜速度保证了。

分单走菜有学问，先后顺序调配好。

凉先热后主食备，特殊要求准备好。

先荤后素鱼中间，传菜后厨配合好。

石锅铁板保证烫，出品统一不变样。

防蝇防物防头发，勤洗澡来勤理发。

餐后收尾要彻底，水电燃气检查好。

虚心求教学手艺，厨德要比厨艺好。

师傅楷模树立起，辱骂学徒万不要。

苦点累点无怨言，和谐气氛最重要。

学习进取求创新，激情活力保持好。

尊师重友团结牢，未来大师德才高。

任务一　生炒——尖椒土豆丝的处理与烹制

一、任务描述

今天是同学们第一次进入中餐热菜实训厨房的日子,希望你们在工作环境中,初步了解炒锅与打荷的工作流程;互相配合,使用各岗位的设备与工具,运用"生炒"技法完成"尖椒土豆丝"的烹制,初步体验完整的打荷与炒锅工作过程。

二、学习目标

（1）认识了解打荷与炒锅工作环境及工作流程。
（2）初步掌握打荷与炒锅岗位开档与收档程序。
（3）掌握打荷与炒锅岗位设备工具的使用。
（4）初步掌握"急火"的鉴别与运用。
（5）能够调制咸鲜口味。
（6）能够使用勺工技术"小翻勺""翻拌法",运用"生炒"技法和"拉入式"装盘手法完成"尖椒土豆丝"的烹制。
（7）能够合理保管剩余调料。
（8）初步学会炒锅和打荷岗位的沟通方式;培养安全操作和卫生意识;遵守厨房灶前安全规范要求。

三、成品质量标准

尖椒土豆丝成品如图1-1-1所示。

土豆丝色泽清爽白亮洁净,口味咸鲜,口感脆嫩,盘底无油、无汁。

图1-1-1　尖椒土豆丝成品

四、知识技能准备

（一）烹调基本功

1. 定义

所谓烹调基本功,是指在烹调各种菜肴的环节中必须掌握的技艺和手法,也就是烹调实际操作所需的各种技能。

2. 烹调基本功的主要内容

（1）投料准确适时。

（2）挂糊、上浆适度均匀。

（3）正确识别和运用油温。

（4）灵活掌握火候。

（5）勾芡恰当、适度。

（6）勺功熟练，翻锅自如。

（7）出菜及时，动作优美。

（8）装盘熟练，成型美观。

3. 烹调操作的一般要求

（1）注意身体的锻炼，增强体力和耐力，特别要加强臂力的训练。

（2）操作姿势要正确且自然，这样才能提高工作效率。

（3）熟悉各种设备及工具的正确使用方法与保养方法，并可以灵活运用。

（4）操作时必须思想集中，动作敏捷、灵活，注意安全。

（5）取放调味品干净利落，并随时保持台面及用具整洁，注意个人卫生和食品卫生。

（二）烹调技法知识——"生炒"

1. 定义

生炒，又称煸炒、生煸，是指将生的烹调原料加工成型，直接投热锅少量底油内，急火翻炒、入味，快速成菜的方法。

2. 操作要求及特点

（1）一般都是选用鲜嫩、易熟的原料加工成薄、细、小的片、丝、丁、粒等形状。

（2）主要原料事先不采用任何方法加热处理。

（3）按原料用火时间长短依次入锅，边加热，边调味，急火操作，快速成菜。

（4）成品原料以断生为宜，质地鲜嫩，味道清爽，汤汁较少。

（三）装盘方法

1. 拉入法

盛装前，先颠翻勺尽量保持形状完整并将主要原料集中在上面，然后将铁锅倾斜，用排勺左右交叉，再将菜肴拉入盘中。

2. 中式菜肴的装盘要求

装盘是烹调过程中的最后一道工序，它的效果直接影响菜肴的色、形等品质。中式菜肴的装盘要满足以下要求：

（1）干净、利落、卫生，即盛器光洁无污点。操作遵循卫生规范，锅底与盛器保持一定距离，汤汁不得洒溅在盛菜器皿的边缘。

（2）菜肴丰满、主料突出。菜肴多呈馒头状堆放，亦可呈椭圆形，但切忌平散、高低不平。主料应该明显可见，不为辅料所遮掩。

（3）注意色泽搭配及形状美观。装盘时要顾全菜肴在盛器中的整体形、色的和谐美观。

（4）装盘时要选用适当的盛器，既不使菜肴溢满盛器，又不令菜肴在盛器中显得孤单、不大气。

（四）配菜方法

热菜配菜的基本方法可以分为配一盘热菜和花色热菜两类。配一盘热菜比较简洁朴实；配花色热菜偏重技巧，对色彩和形态特别讲究。

1. 配一盘热菜

按配菜时所用的原料多少来分，配一盘热菜可分为配单一烹饪原料，配主料、配料，配不分主次的多种烹饪原料三大类。

2. 尖椒土豆丝的配菜要求

以一种烹饪原料为主料（加配料辅佐）。要求主料数量多于配料，主料突出，主料配料互相补充。例如，在尖椒土豆丝中，土豆丝（主料）的量就应多于尖椒丝（配料）的量。

五、工作过程

开档→组配原料→烹制成菜→成品装盘→菜肴整理→收档。

（一）准备工具

1. 按照打荷工作任务需求检查和准备常规工具

按照打荷工作任务需求检查和准备常规工具如图 1-1-2～图 1-1-7 所示。

图 1-1-2　依单领料

图 1-1-3　领取原料

图 1-1-4　验收原料

图 1-1-5　清理调料盒及调料

图 1-1-6　备齐调料

图 1-1-7　准备工具和餐具

（1）将打荷岗位所需工具准备齐全。

（2）依据领料单（也称"出库单"）领取任务所需原料。

（3）准备调料。

2．打荷工作检查和准备常规工具的工作要求

（1）将消毒过的刀、墩、小料盒、抹布、盛器等用具放在打荷台上的固定位置，将干净筷子、擦盘子的干净毛巾放在打荷台的专用盘子内。所有用具、工具必须符合卫生标准。

（2）消毒过的各种餐具放在打荷台上或储存柜内，以取用方便为宜。

（3）对领取原料及时进行品质鉴定，做到出库原料必须达到食品卫生要求。

3．按照炒锅工作任务要求检查和准备常规工具和设备

按照炒锅工作任务要求检查和准备常规工具和设备，如图 1-1-8～图 1-1-13 所示。

（1）检查炉灶、电器运转及安全情况。

（2）将炒锅岗位所需工具准备齐全：双耳炒锅、方塑料筐、配菜盘、手勺、漏勺、油盐子、锅托、平底漏盆、油筛、马斗、炊手、带手布、调味勺、筷子等。

（3）检查上下水畅通情况。查看是否有跑、漏、滴、堵现象发生。

（4）整理清洁设备工具。

图 1-1-8　检查灶具

图 1-1-9　开启煤气总开关

图 1-1-10　开启电源及照明设备

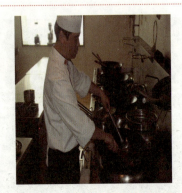  

图 1-1-11　烧锅并清理灶前工具　　图 1-1-12　过滤烹调用油　　图 1-1-13　补齐烹调用油

4．炒锅工作检查和准备常规工具及设备的工作要求

（1）进入厨房，观察有无漏气情况，开启照明设备，打开灭蝇灯，通电通气检查炉灶、油烟排风设备运转是否正常，若出现故障，应及时自行排除或报修；检查厨房各种电器的设备运转情况。

（2）检查上下水是否畅通；是否有跑、漏、滴、堵现象。若出现故障，应及时自行排除或报修。

（3）将消毒过的用具放在炉灶及打荷台上的固定位置，所有用具、工具干净无油腻、无污渍；炉灶清洁卫生，无异味。抹布应干爽、洁净，无油渍、污物，无异味。

（4）将调料盒放在两个灶眼之间的固定位置上或两个炒锅厨师之间的调料车中的固定位置上，以取用方便为宜。

注：打荷与炒锅准备工作是所有餐饮厨房每日必须完成的工作程序，因此，后面的工作任务中不再赘述。

（二）制作过程

1．原料准备

原料准备见表 1-1-1。

表 1-1-1　原料准备

菜肴名称	数量/份	准备主料		准备配料		准备料头		盛器规格
		名称	数量/克	名称	数量/克	名称	数量/克	
尖椒土豆丝	1	土豆丝	250	尖椒丝	50	葱丝	15	八寸圆盘
						姜末	1	

备齐尖椒土豆丝所需调味品，见表 1-1-2。

表 1-1-2　调味品

调味品名	数量/克	口味要求
食盐	1	口味咸鲜，盘底无油、无汁
鸡精	5	
色拉油	30	

（1）按工作任务中规定的质量标准，对领取的当日所需各种调味料进行质量检验。

（2）配合炒锅厨师添加、补充各种调料。

（3）需要自制的调味酱、调味油，协助炒锅厨师按工作任务中规定的用料比例和调制方法进行调制。

（4）按料头切制要求切制料头，并将切好的各种料头放入固定的料头盒内，料头的种类和数量应根据实际需要准备，每种料头要求大小、粗细、长短、厚薄一致。

（5）按要求调制各种糨糊、雕刻盘饰花卉等。

2．菜肴组配过程

菜肴组配过程如图1-1-14所示。

（1）在餐饮企业中，开餐后，接到配菜厨师传递过来的菜料，首先确认菜肴的名称、种类、烹调方法及桌号标识，看是否清楚无误。

（2）确认工作结束，按菜肴的工艺要求对原料进行腌制、上浆、挂糊等预制处理。

将土豆丝、尖椒丝、葱丝、姜末分别放入配菜盛器内。

图1-1-14　菜肴组配过程

3．烹制菜肴

按配菜厨师的传递顺序，将配好的或经过上浆、挂糊、腌制等处理的菜肴原料传递给炒锅厨师烹调加工。在餐饮企业中，如果接到催菜的信息，经核实该菜肴尚未开始烹调时，要立即协调炒锅厨师优先进行烹调，见表1-1-3。

表1-1-3　烹制菜肴

图示			
	炒锅岗位完成烹制成菜	炒锅岗位完成烹制成菜	炒锅岗位完成烹制成菜
说明	炒锅上火烧热，下底油，微热时下葱丝、姜末爆香（又名"炝锅"）	投入土豆丝快速急火翻拌至断生	用调味勺加入盐、鸡粉后，再开大火使用手勺迅速翻拌均匀

（1）技术要点。

①煸葱姜时要小火，防止煸糊。

②应在葱姜炒出香气时迅速投入土豆丝，在大火状态下迅速翻拌，防止糊锅、出现黑点。

③初次上灶炒菜者，由于动作缓慢和操作不熟练，尽量将炒锅端离火口或关小火后再放调料，放调料要迅速、准确。

（2）小贴士。

土豆丝切好后，放进醋水中浸泡，并反复冲洗2次，既可以避免在空气中氧化变黑，还可以去除淀粉保证口感清脆。

4. 厨房安全操作知识小提示

（1）操作步骤。

①一定要放稳，不要使用手柄松动的锅。

②检查锅柄和容器柄是否牢固，不要将锅柄和容器柄放在炉火上方。

③油炸的食物，应先淋去水分，防止锅中的油外溢而伤人。

④养成随身携带并使用干毛巾的习惯。

⑤在使用灶具前按照开档步骤检查煤、水、电安全状况。

（2）小贴士。

土豆丝由原色煸炒至半透明时即已断生。

5．成品装盘与整理装饰

成品装盘与整理装饰见表1-1-4。

表1-1-4　成品装盘与整理装饰

图示	炒锅岗位完成烹制成菜	完成成品装盘与整理装饰
说明	放入尖椒丝迅速翻拌均匀即可出锅	菜肴采用"拉入法"装入器皿，呈堆落状。打荷厨师配合炒锅厨师，用筷子对菜肴进行整理

（1）技术要点。

①尖椒丝入锅后，应旺火速炒，断生即可，否则易失去新鲜脆嫩质感。要将主配料混掺均匀，因为中国菜讲究平衡和协调美，只有将主配料混掺均匀，才可在口味、色泽、香气上达到高度的协调和统一。

②成品装盘与整理装饰时，打荷厨师配合炒锅厨师，要手眼配合，达到高度协调和统一。装菜不可溢出盘边，更不可接触或损坏盘饰原料。

（2）打荷提示。炒锅厨师向出菜盘内装菜时，打荷厨师左右手各执一根筷子，双手分开，将筷子架于出菜盘内圈两侧，配合手勺，每盛入一勺菜肴，筷子就要配合整理一次，目的是将菜肴向盘中间聚拢，防止其散落在出菜盘的内圈外，待菜肴完全盛装完毕后，打荷厨师及时用洁净的毛巾或厨房用纸将盘边擦拭干净。

①对炒锅厨师装盘完毕的菜肴进行质量检查时，主要检查是否有明显的异物等，检查过程要迅速、认真。

②根据审美需求及菜式格调，对装盘的菜肴进行必要的点缀装饰。盘饰美化的原则是美观大方、恰到好处，以不破坏菜肴的整体美感为宜，并要确保菜肴的卫生安全。

6．划出菜单

划出菜单见表1-1-5。

表 1-1-5　划出菜单

图示	说明
	打荷厨师与前厅服务员沟通，将成品菜肴送到餐厅服务员手中→及时在点菜单中划去这道菜→服务员上菜

（1）技术要点。

打荷厨师在将成品菜肴交到餐厅服务员手中之前，应准确核对菜肴是否与"点菜单"中菜肴一致。

（2）小贴士。

在餐饮企业中，将烹制及盘饰完毕的菜肴经过严格的感官卫生检查，认为合格并确信无疑后，快速传递到传菜口，交给传菜员。如果属于催要与更换的菜肴，应特别告知传菜员。

（三）打荷与炒锅收档

打荷与炒锅配合协作完成收档工作。

（1）依据小组分工对剩余的主料、配料、调料进行妥善保存，容易变质的原料封保鲜膜放入冰箱保存，温度为 0～4 摄氏度；清理卫生，整理工作区域。

（2）依据小组分工对工作区域的设备、工具进行清洗，所有物品经整理后放回原处并码放整齐。

（3）厨余垃圾分类后送到指定垃圾站点。

（四）工作任务评价

尖椒土豆丝的处理与烹制工作任务评价见表 1-1-6。

表 1-1-6　尖椒土豆丝的处理与烹制工作任务评价

项目	配分/分	评价标准
刀工	15	土豆丝应为长 5～8 厘米、直径 0.2 厘米的细丝，不连刀
口味	25	咸鲜
色泽	10	色彩清爽亮洁，无杂质
汁（芡）量	20	成品菜肴不出汤，不汪油
火候	20	口感脆嫩，无焦糊
装盘（八寸圆盘）	10	主料突出，盘边无油迹，呈堆落状；盘饰卫生、点缀合理、美观、有新意

六、任务检测

（一）知识检测

（1）炒可分为_____、_____、_____、_____等多种具体方法。除了以上四种具体炒法外，还有_____、_____等不同炒法。

（2）生炒菜肴一般是选用_____、_____的原料加工成_____、_____、_____、_____的_____、_____、_____等形状。

（3）尖椒土豆丝风味特点是土豆丝色泽_____，口味_____，口感_____，盘底_____。

（4）煸炒土豆丝以_____火力为主。

（5）小翻勺是指原料在锅内作小于_____度的翻转，或者说就是把锅内原料的_____翻转过来，采用_____、_____、_____、_____的连贯动作，使原料在锅内翻转。

（二）拓展练习

1. 课余时间练习烹制炝炒圆白菜，或试用其他原料制作各种菜肴

可供选择的菜肴如图 1-1-15 所示。

图 1-1-15　各种菜肴

（a）清炒芦笋；（b）清炒什锦；（c）清炒凉瓜

2. 课后依照图示进行勺功练习

用助翻的手法练习翻石英砂，石英砂质量不能低于 500 克，翻锅次数逐步提升，练习总时间为 40 分钟，每分钟至少翻勺 50 次。

3. 拓展勺工练习

拓展勺工练习见表 1-1-7。

表 1-1-7　拓展勺工练习

图示	说明
 手勺协同翻锅的动作要领（助翻）	如果采用旋锅的方法来翻锅，在正式翻锅前，应将手勺自然站直于原料的后边缘，随同左手的推、送、扬等动作同步进行。如果两手协同翻锅，右手应先用手勺在锅内搅拌原料（为提高搅拌效率，往往采用"倒8"字形搅拌），待原料与锅充分分离以后，再将手勺退回原料后边缘并直立放置，然后再与左手同步翻锅，否则容易发生意外

任务二 熟炒——回锅肉的处理与烹制

一、任务描述

学校今天要接待几个从四川来的老师，中午安排他们在大食堂吃工作餐，同学们的任务是在中餐热菜厨房工作环境中，打荷与炒锅岗位协作完成"回锅肉"的烹制任务，进一步体验完整的打荷与炒锅工作过程。

二、学习目标

（1）了解五花肉、郫县豆瓣酱等原料和调味料的相关知识及使用常识。
（2）掌握熟五花肉的刀工处理。
（3）初步掌握"中火""急火"的鉴别与运用。
（4）能够使用勺工技术"翻拌法"，运用"熟炒"技法和"覆盖法"的装盘手法完成"回锅肉"的制作。
（5）能够进行打荷与炒锅岗位的初步沟通；培养安全意识，遵守厨房灶前安全规范。

三、成品质量标准

回锅肉成品如图 1-2-1 所示。

色泽金红滋润，口味咸鲜，香辣回甜，酱香味浓，口感粑软皮嫩，周围有少量红油渗出。

图 1-2-1 回锅肉成品

四、知识技能准备

（一）烹调技法知识——"熟炒"

1. 定义

将熟的原料加工成型，投入热锅少量底油内，急火快炒入味，迅速成菜的方法，称为熟炒。

2. 操作要求及特点

（1）主要原料一般都提前处理成熟，再改刀成型。
（2）成品质地软烂，汤汁较少，味型多样。
（3）急火快炒，边加热，边调味，成菜迅速。

3. "熟炒"常用调料

常用甜面酱、黄酱、酱豆腐、豆瓣酱等酱香味浓郁的调料。可先将甜面酱加白糖、香油入屉蒸透备用。熟炒菜口味鲜香，略带卤汁。

4. 典型菜例

炒回锅肉、炒大肠、煸白肉、炒肚丝、炒鸭丝、腊肉炒西芹、火腿炒百合、豆腐皮炒韭菜。

（二）炒锅厨师必须学会掌握的四种火力

所谓火力，是指各种能源经物理或化学转变为热能的程度。燃料的燃烧过程属于化学变化范畴。火力在专业上是指燃料在炉膛内燃烧的烈度，燃料处在剧烈燃烧状态中，火力就强，反之则弱。在专业中，火力一般是根据燃料燃烧所产生的火焰高低、燃烧的明暗度和辐射热的强弱等现象综合判断，分为急火、中火、慢火、微火四种。

1. 急火

急火又称旺火、武火或大火。火焰高而稳定，呈黄白色，光度明亮，热气逼人，辐射热较强。

2. 中火

中火火焰低而不稳，时有摇晃、起落，呈红色，光度较暗，辐射热不强。

3. 慢火

慢火又称文火。火焰细小，时有时无，光度暗淡，辐射热较弱。

4. 微火

微火又称小火。看不到火焰，光呈暗红色，辐射热很弱。

（三）烹制菜肴时，要正确掌握油温的一般规律

正确鉴别油温后，还需要根据火力的强弱、原料的性质、形状及数量和用油数量的多少等，灵活、正确地掌握油温的一般规律。

1. 根据火力的强弱灵活掌握油温

在其他条件一定的情况下，火力强，原料下锅时油温可以低一些；火力弱，原料下锅时油温可以高一些；火力太强，不能立即调控，应端锅离火。

2. 根据加工原料数量的多少掌握油温

在其他条件一定的情况下，投料数量少，油温应低一些；投料数量多，油温应高一些。

3. 根据用油数量的多少掌握油温

在其他条件一定的情况下，用油数量多，油温可低一些；用油数量少，油温可高一些。
总之，要根据烹调特点、过油目的等，灵活掌握油温。

（四）使用热水锅焯水的方法煮制五花肉

将食物原料初步整理后，放入加热至一定温度的水中，继续加热至一定成熟度的方法，称为热水锅焯水。

1. 热水锅焯水的操作程序

加工整理原料→放入热水中→继续加热→翻动原料→迅速烫好→捞出投凉漂洗。

2. 热水锅焯水的操作要领

（1）加水量要多，火力要强，单次下料不宜过多。
（2）根据原料具体情况，掌握好下锅时的水温。
（3）根据切配、烹调需要，控制好继续加热的时间。
（4）严格控制成熟度，确保菜肴风味不受影响。
（5）焯水后的原料（特别是植物性原料）应立即投凉。
（6）异味重、易脱色的原料应分别焯水。

3. 热水锅焯水的注意事项

（1）根据原料性质掌握好焯水时间。
（2）根据切配、烹调需要，掌握好成熟度。
（3）有特殊味道的原料应单独焯水。
（4）深色、易脱色与无色或浅色原料应分别焯水。
（5）焯水后的原料应投凉漂洗（特别是植物性原料）。
（6）尽量缩短焯水后原料的放置时间。焯过水的原料能够达到正式烹调要求，即符合正式烹调所需的成熟度，变为半熟、刚熟或熟透的半成品，可以大幅缩短正式烹调的时间。

注： 焯水对于那些旺火速成、对菜品口感要求脆嫩的菜肴尤为重要。

（五）覆盖法装盘

盛装前应先颠翻匀，使菜肴原料集中，将形状整齐及主要原料颠入排勺，再将剩余部分装入盘内，然后将排勺中的原料覆盖在上面，覆盖时用力要轻，保持菜肴圆润饱满，形态美观。

五、工作过程

开档→五花肉初步熟处理→加工主配料→组配原料→烹制成菜→成品装盘→菜肴整理→收档。

（一）准备工具

按照本单元要求进行打荷与炒锅开档工作；按照完成回锅肉工作任务需求准备常规工具。

1. 炒锅岗位准备工具

带手布、洗涤灵、铁锅、量杯、手勺、漏勺、油壐子、油隔、筷子、保鲜膜、保鲜盒、生料盆、品尝勺。

2. 打荷岗位准备工具

不锈钢刀具、砧板、九寸圆盘、消毒毛巾、筷子、餐巾纸、食品雕刻刀、剪刀、料盆、餐具、盆、马斗、带手布、调料罐、保鲜盒、保鲜膜。

（二）制作过程

1．原料准备

打荷岗位与炒锅岗位配合领取并备齐回锅肉所需主料、配料和调料，见表 1-2-1 和表 1-2-2。

表 1-2-1　准备热菜所需主料、配料

菜肴名称	数量/份	准备主料		准备配料		准备料头		盛器规格
		名称	数量/克	名称	数量/克	名称	数量/克	
回锅肉	1	鲜带皮五花肉（或二刀肉、后臀尖）	400	青蒜（或蒜苗、葱白、青椒、葱头）	80	郫县豆瓣酱	25	九寸圆盘
						豆豉	3	
						葱片	15	
						姜片	5	
						蒜片	10	

表 1-2-2　准备热菜调味（复合味型）——家常味（1份）

调味品名	数量/克	风味要求
料酒	5	
精盐	1	
味精	2	成菜色红油亮，有浓郁豆瓣味。
酱油	10	成品达到色泽金红滋润，口味咸鲜香辣回甜，酱香味浓，口感粑软皮嫩，周围有少量红油渗出的风味要求
白糖	2	
米醋	1	
甜面酱	5	

2．菜肴组配过程

菜肴组配过程见表 1-2-3。

表 1-2-3　菜肴组配过程

图示	打荷岗位完成加工原料1——清洗	炒锅岗位完成加工原料2——煮肉	打荷岗位完成加工原料3——成型
说明	五花肉刮洗干净。青蒜去根、黄叶，洗净备用	五花肉刮洗干净，入沸水，水中放少量葱姜片、料酒，改小火，盖上锅盖，煮30分钟，煮至用竹签从表皮插入内部时感觉皮软没有血液渗出时捞出晾凉	五花肉切成长5厘米、宽4厘米、厚0.2厘米的薄片待用。青蒜斜切3厘米长的段，郫县豆瓣酱、豆豉剁碎待用，葱姜蒜切片

菜肴组配技术要点

（1）要选择皮薄的五花肉（口感细嫩），将肉皮表面的污物和鬃毛刮洗干净。

（2）根据投料时间和水的温度高低，焯水分为冷水锅焯水和热水锅焯水两种方法。煮肉忌用大火，应微开小火煮制；否则，会外熟里生或里熟外烂。

3. 热水锅焯水的适用原料

（1）体形较小、味美鲜嫩或脆嫩，需要保持色泽鲜艳的植物性原料，如芹菜、菠菜、香菜等。

（2）体形小、异味轻、血污少的动物性原料，如鸡肉、鸭肉、五花肉、猪蹄等。

（3）刀工处理肉片时，应采用锯切的方法切匀切薄，利于肉片吐油，以确保肉片熟后软嫩。注意肉片不宜过厚，否则烹炒时不易卷曲收缩，油脂煸炒不出来，将导致口感油腻；若过薄，在烹炒时则易破碎。

在烹调中，因原料下锅有先后顺序，故应将原料分开放置，不要混放，以免影响下道工序的操作，如图1-2-2所示。

将肉片、甜面酱、豆豉、郫县豆瓣酱、葱、姜、蒜、青蒜分别放入配菜器皿内。

图1-2-2　热水锅焯水的适用原料

4. 烹制菜肴

烹制菜肴见表1-2-4。

表1-2-4　烹制菜肴

图示	炒锅岗位操作烹制成菜1	炒锅岗位操作烹制成菜2	炒锅岗位操作烹制成菜3
说明	炒锅置于旺火上，放入油并烧至五六成热时放入肉片煸炒	肉片煸成灯盏窝状时，加入郫县豆瓣酱研磨翻炒，使油色变红，放入甜面酱、豆豉、葱、姜、蒜片煸炒均匀，炒出香气，再加入料酒、酱油、白糖炒匀	放入味精、青蒜，快速炒出香气，即可出锅

烹制菜肴技术要点

（1）肉要煸成灯盏窝状，表明肉片中的油脂已煸出70%。

（2）放葱、姜、蒜时要用小火，以免煸煳，影响香气、口味及外观。炒甜面酱时火力应减弱，并快速煸炒均匀，以免炒煳。

（3）要挑选红油鲜亮、色泽棕红、气味醇厚的郫县豆瓣酱使用，一些劣质的、假冒的郫县豆瓣酱颜色暗沉，杂质很多，购买时一定要注意避开。

（4）青蒜入锅后，应旺火速炒，否则易失去新鲜脆嫩质感。味精通常在最后出菜前放入，长时间高温煸炒会产生有害物质——焦谷氨酸钠。

5. 成品装盘与整理装饰

成品装盘与整理装饰见表1-2-5。

表 1-2-5　成品装盘与整理装饰

图示	 炒锅与打荷岗位协作完成成品装盘	 打荷岗位操作完成整理和装饰
说明	运用"覆盖法"将菜肴装入九寸圆盘中，呈堆落状	打荷厨师用筷子、餐巾纸及预先准备好的盘饰原料对回锅肉进行整理和装饰

（1）技术要点。

1）出菜前要将主料混掺均匀，因为中国菜讲究平衡和协调美，只有将主配料混掺均匀，才可在口味色泽香气上达到高度的协调和统一；装菜不可溢出盘边。

协调配合排勺（手勺）进行翻拌，装盘，不能遗洒。

2）打荷厨师配合炒锅进行菜肴整理装饰。做到主料突出，盘边无油迹，成型好；盘饰卫生、点缀合理、美观、有新意。

（2）小贴士。

装盘是烹调过程中的最后一道程序，它的效果直接影响菜肴的色、形品质。中式菜肴的装盘要满足以下要求：

1）干净、利落、卫生。即盛器光洁、无污点。操作时应遵循卫生规范，锅底与盛器保持一定距离，汤汁不得洒溅在盛器的边缘。

2）菜肴丰满、主料突出。菜肴多呈馒头状堆放，亦可为椭圆形。主料应该明显可见，不被辅料遮掩。

3）注意色泽搭配及形状美观。装盘时要顾全菜肴在盛器中整体形和色的和谐美观。

4）装盘时要选用适当的盛器，既不使菜肴溢满盛器，又不令菜肴在盛器中显得孤单、吝啬。

（三）打荷与炒锅收档

打荷与炒锅配合协作完成收档工作。

（1）依据小组分工对剩余的主料、配料、调料进行妥善保存，容易变质的原料封保鲜膜放入冰箱中保存，温度为 0～4 摄氏度；清理卫生，整理工作区域。

（2）依据小组分工对工作区域的设备、工具进行清洗，所有物品经整理后放回原处并码放整齐。

（3）厨余垃圾分类后送到指定垃圾站点。

（四）工作任务评价

回锅肉的处理与烹制工作任务评价见表 1-2-6。

表 1-2-6　回锅肉的处理与烹制工作任务评价

项目及配分	配分/分	评价标准
刀工	15	五花肉应为长 5 厘米、宽 4 厘米、厚 0.2 厘米的薄片，不连刀，青蒜切 3 厘米长的段；豆瓣酱斩碎
口味	25	咸香微辣回甜，有浓郁的酱香味
色泽	10	色泽红亮
汁、芡、油量	20	成品菜肴无汁，周围有少量红油渗出，不超过 1.5 厘米
火候	20	肉片要呈现灯盏窝状；口感粑软皮嫩
装盘成型（九寸圆盘）	10	主料突出，主配料分布均匀，盛装在盘子中部，盘边洁净无油迹，呈堆叠的山形

六、辣炒萝卜条的处理与烹制

（一）成品质量标准

辣炒萝卜条成品如图 1-2-3 所示。

色泽红亮，口味咸甜香辣，有浓郁的酱香味，口感表皮干香、内部软嫩

图 1-2-3　辣炒萝卜条的成品

（二）准备工具

参照回锅肉准备工具。

（三）制作过程

1. 原料准备

按照岗位分工准备菜肴辣炒萝卜条所需原料，见表 1-2-7 和表 1-2-8。

表 1-2-7　菜肴配份标准

菜肴名称	数量/份	准备主料		准备配料		准备料头		盛器规格
		名称	数量/克	名称	数量/克	名称	数量/克	
辣炒萝卜条	1	象牙白萝卜	300	红尖椒	80	郫县豆瓣酱	10	九寸圆盘
						原粒豆豉	2	
						葱片	15	
						姜片	5	
						蒜片	10	

表 1-2-8　准备热菜调味（复合味）——豆瓣味（1 份）

调味品名	数量/克	风味要求
料酒	5	成菜色红油亮，豆瓣味浓郁。菜肴风味特点：色泽红亮，口味咸甜香辣，有浓郁的酱香味，口感表皮干香、内部软嫩
精盐	1	
酱油	3	
白糖	2	
甜面酱	3	

2. 菜肴组配过程——打荷岗位完成配菜组合操作步骤

（1）准备新鲜的象牙白萝卜、红尖椒、大葱、蒜瓣、嫩姜。

（2）象牙白萝卜去皮切成长8厘米、直径0.8厘米粗的条；红尖椒摘净切成8厘米长的细条。葱姜切细丝、蒜切末，郫县豆瓣酱切碎。

3. 烹制菜肴——炒锅岗位完成操作步骤

（1）白萝卜入沸水焯约15秒捞出控净水分备用。

（2）萝卜条点几滴酱油拌匀上色。

（3）炒锅上火加油，烧至七成热时，下入萝卜条炸至金黄色，捞出控净油。

（4）炒锅上火，放底油，微热时，下入郫县豆瓣酱研磨翻炒，使油色变红，放入甜面酱、豆豉、葱、姜、蒜煸香，下入萝卜条继续煸炒，下入料酒、盐、味精、白糖煸炒均匀，下入红尖椒丝，急火快炒，翻拌均匀。

4. 炒锅与打荷岗位协作完成成品装盘与整理装饰操作步骤

参照回锅肉的处理与烹制过程。

5. 技术要点

（1）将萝卜条下入开水中焯至三成熟，用手掰开中间有较脆的硬心即可，时间过长，萝卜变软，煸炒时易碎易烂不成型，且影响口感。

（2）酱油不要多放，否则过油时颜色发黑，影响成品色泽和口味。

（3）萝卜条炸至表面有一层金黄色的硬皮，这样煸炒时不断不碎，容易入味。

（4）打荷与炒锅收档。

参照回锅肉的处理与烹制，打荷与炒锅配合协作完成收档工作。

6. 工作任务评价

辣炒萝卜条的处理与烹制工作任务评价见表1-2-9。

表1-2-9 辣炒萝卜条的处理与烹制工作任务评价

项目及配分	配分/分	评价标准
刀工	15	萝卜长8厘米、直径0.8厘米的长条，不连刀，红尖椒摘净切成8厘米长、筷子粗的细条；豆瓣酱斩碎
口味	25	咸香微辣回甜，有浓郁的酱香味
色泽	10	色泽红亮
汁、芡、油量	20	成品菜肴无汁，周围有少量红油渗出，不超过1.5厘米
火候	20	萝卜条要煸炒至表面略呈金黄色；口感表皮干香、内部软嫩；郫县豆瓣酱要炒出红油
装盘成型（九寸圆盘）	10	主料突出，主配料分布均匀，盛装在盘子中部，盘边洁净无油迹，呈堆叠的山形

七、专业知识拓展

（一）烹调原料的预熟处理

1. 烹调原料预熟处理的概念

烹调原料预熟处理也称为初步加热处理或初步熟处理，即根据菜肴成品的烹制需要，用水、油、蒸汽等为传热介质，对初步加工整理或切制成型的烹调原料进行加热，使之达到半熟或刚熟的状态（半成品），为正式烹调过程中菜肴特色的形成奠定基础。

2．半成品

凡是经过初步加工，加热处理的非直接供食用，而是为正式烹调做准备的原料，统称为半成品。

3．预熟处理

预熟处理是原料发生质地变化的开端，是准备阶段和基础工作。

4．对烹调原料预熟处理的常用方法

在烹调过程中对原料预熟处理的方法主要有焯水、过油、汽蒸、走红等。

（二）焯水

1．焯水的概念

焯水又称为冒水、区水、水烫、水煮等，就是把加工整理或切制成型的食物原料放入水锅中加热至正式烹调所需要的火候状态，以备进一步切配成型或正式烹调之用的初步加热过程。

焯水是初步熟处理中最常用的方法。需要焯水的原料比较广泛，大部分蔬菜及一些有血污或腥膻气味的动物性原料都需要焯水。焯水对菜肴的品质有很大影响。

2．焯水的作用

（1）可使新鲜蔬菜色泽鲜艳。

（2）可以除去异味、排出血污和部分油腻。

（3）可以调整不同原料的成熟时间。

（4）可以使某些原料便于去皮或切配成型。

（5）可使某些原料质地脆嫩。

（6）可以缩短正式烹调时间。

（三）怎样掌握火候

火候，是在菜肴烹调过程中，所用的火力大小和时间长短。烹调时，一方面要从燃烧烈度鉴别火力的大小；另一方面要根据原料性质掌握成熟时间的长短。只有两方面统一，才能使菜肴烹调达到标准。一般来说，火力运用大小要根据原料性质来确定，但也不是绝对的。有些菜根据烹调要求要使用两种或两种以上火力，如清炖牛肉就是先旺火，后小火；而氽鱼脯则是先小火，后中火；干烧鱼则是先旺火，再中火，后小火烧制。烹调中运用和掌握好火候要注意以下因素的关系：

1．火候与原料的关系

菜肴原料多种多样，质地有老、嫩、硬、软等，烹调中火候的运用要根据原料质地来确定。软、嫩、脆的原料多用旺火速成，老、硬、韧的原料多用小火长时间烹调。如果在烹调前通过初步加工改变了原料的质地和特点，那么火候运用也要改变。如原料切细、走油、焯水等都能缩短烹调时间。原料数量的多少，也和火候的大小有关。数量越少，火力就要相对减弱,时间就要缩短。原料形状与火候运用也有直接关系,通常,整形大块的原料在烹调中,由于受热面积小,长时间加热才能成熟,所以火力不宜过旺;而碎小形状的原料因受热面积大,急火速成即可成熟。

2. 火候与传导方式的关系

在烹调中,火力传导是使烹调原料发生质变的决定因素。传导方式是以辐射、传导、对流三种传热方式进行的。传热媒介又分无媒介传热和有媒介传热,如水、油、蒸汽、盐、砂粒传热等。不同的传热方式直接决定烹调中火候的运用方式。

3. 火候与烹调技法的关系

烹调技法与火候运用密切相关。炒、爆、烹、炸等技法多用旺火速成,烧、炖、煮、焖等技法多用小火长时间烹调。但根据菜肴的要求,每种烹调技法在火候运用上也不是一成不变的。只有在烹调中综合各种因素,才能正确地运用好火候。下面列举三种火候的应用实例加以说明:

(1) 小火烹调的菜肴。如清炖牛肉,是以小火烧煮的方式加工的。烹制前先把牛肉切成方形块,用旺沸水焯一下,清除血沫和杂质。这时,牛肉的纤维是收缩阶段,要用中火,加入辅料,烧煮片刻,再移小火上,通过小火烧煮,使牛肉收缩的纤维逐渐伸展。当牛肉快熟时,再放入调料炖煮至熟,这样制作出来的清炖牛肉,色香味形俱佳。如果用旺火烧煮,牛肉就会出现外形不整齐的现象。另外,由于肉汤中还会存在许多牛肉渣,会造成肉汤浑浊,而且可能表面熟烂,里面仍然嚼不动。因此烹制大块原料的菜肴,多用小火。

(2) 中火适用于炸制菜。凡是外面挂糊的原料,在下油锅炸时,多使用中火下锅、逐渐加油的方法,效果较好。因为炸制时如果用旺火,原料会立即变焦,造成外焦里生。如果用小火,原料下锅后会出现脱糊现象。有的菜(如香酥鸡),则是采取旺火时将原料下锅,炸出一层较硬的外壳,再使用中火炸至酥脆。

(3) 旺火适用于爆、炒、涮的菜肴。一般用旺火烹调的菜肴,主料多以脆、嫩为主,如葱爆羊肉、涮羊肉、水爆肚等。水爆肚焯水时,必须沸入沸出,这样涮出来的才会脆嫩。原因在于旺火烹调的菜肴,能使主料迅速受高温,纤维急剧收缩,使肉内的水分不易浸出,吃时脆嫩。如果不用旺火,火力不足,锅中水沸不了,主料不能及时收缩,就会将主料煮老。比如葱爆羊肉,看起来制作方法很简单,但有的人做出来的成品,不是出很多汤,就是嚼不动。这道菜成功的标准是:首先,要用顶刀法将肉切成薄片,其次,一定要用旺火,油要烧热。炒锅置旺火上,下油烧至冒油烟,再下入肉片煸至变色,然后立即下葱和调料焖炒片刻,见葱变色立即出锅。注意,一定是要旺火速成,否则就会水多和嚼不动。

但现在一般家用燃气灶,只能出小、中、大火,达不到旺火的要求。要利用中、小火炒出旺火烹制的菜肴,首先是锅内的油量要适当加大,其次是加热时间要稍长一些,再次是一次投放的原料要少一些,这样便可以达到较好的效果。

(四)个人嗜好对味觉的影响

不同的地理环境和饮食习惯会形成不同的嗜好,从而造成人们味觉的差别,但是,人的饮食偏好是可以随着生活习惯改变的。

"安徽甜，河北咸，福建、浙江咸又甜；宁夏、河南、陕、甘、青，又辣又甜外加咸；山西醋、山东盐，东北三省咸带酸；黔（贵州）、赣（江西）、两湖（湖南、湖北）辣子蒜，又麻又辣数四川；广东鲜、江苏淡，少数民族不一般。"这首中国人的口味歌，十分准确而且生动地反映了个人饮食偏好对味觉的影响。

（五）调味的阶段和方法

1. 调味的阶段——烹中调味

烹中调味就是在原料加热的过程中进行调味，这一阶段专业上习惯称为正式调味、定性调味或定型调味。

其特征是在原料加热的工具中进行，目的是使菜肴的主料、辅料及调料的味道融合在一起，从而确定菜肴的滋味。烹中调味应注意各种调味品的投放时机，以使每种调味品可以起到应起的作用，进而确定菜肴的味道，保持风味特色。

2. 怎样使用味精

味精是一种增鲜味的调料，炒菜、做馅、拌凉菜、做汤等都可使用。味精对人体没有直接的营养价值，但能增加食品的鲜味，引起人的食欲，有助于提高人体对食物的消化率。味精虽能提鲜，但如使用方法不当，就会产生相反的效果。

（1）对于用高汤烹制的菜肴，不必使用味精。因为高汤本身已具有鲜、香、清的特点，味精则只有一种鲜味，而它的鲜味和高汤的鲜味也不能等同。此时如再使用味精，会将本味掩盖，致使菜肴的口味不伦不类。

（2）对于酸性菜肴（如糖醋、醋溜、醋椒菜类等），不宜使用味精。因为味精在酸性物质中不易溶解，酸性越大溶解度越低，鲜味的效果越差。

（3）拌凉菜使用晶体味精时，应先用少量热水化开，然后再浇到凉菜上，这样效果较好（因味精在45摄氏度时才能发挥作用）。如果用晶体直接拌凉菜，不易拌均匀，影响味精的提鲜作用。

（4）做菜使用味精，应在起锅时加入。因为在高温下，味精会分解为焦谷氨酸钠，即脱水谷氨酸钠，不但没有鲜味，而且会产生轻微的毒素，危害人体健康。

（5）味精使用时应掌握好用量，并不是多多益善。它的水稀释度是3 000倍，人对味精的味觉感为0.033%，在使用时，以1 500倍左右为适宜。如投放量过多，会使菜中产生似咸非咸、似涩非涩的怪味，造成相反的效果。世界卫生组织建议婴儿食品暂不使用味精；成人每人每天味精摄入量不要超过6克。

（6）味精在常温下不易溶解，在70~90摄氏度时溶解最好，鲜味最足，超过100摄氏度时味精就被水蒸气挥发，超过130摄氏度时，即变质为焦谷氨酸钠，不但没有鲜味，还会产生毒性。对炖、烧、煮、熬、蒸的菜，不宜过早放味精，要在快出锅时放入。

（7）在含有碱性的原料中不宜使用味精，因为味精遇碱生成的谷氨酸二钠有氨水味。

3. 鸡精简介

鸡精不是从鸡身上提取的，而是在味精的基础上加入助鲜的核苷酸制成的。由于核苷酸带有鸡肉的鲜味，故称其为鸡精。鸡精比味精更鲜。鸡精对人体是无毒无害的，但如果在烹调时加入过多鸡精，则会破坏菜肴原有的味道。由于鸡精含多种调味剂，因此其味道比较综合、协调。

（六）回锅肉的营养

1. 猪肉（瘦）

猪肉含有丰富的优质蛋白质和人体必需的脂肪酸，并提供血红素（有机铁）和促进铁吸收的半胱氨酸，能改善缺铁性贫血；具有补肾养血、滋阴润燥的功效；猪精肉相对其他部位的猪肉，含有丰富优质蛋白，而脂肪、胆固醇较少，一般人群均可适量食用。

2. 青蒜

青蒜中含有蛋白质，胡萝卜素，维生素 B1、B2 等营养成分。它的辣味主要来自其含有的辣素，这种辣素具有醒脾气、消积食的作用，还有良好的杀菌、抑菌作用，能有效预防流感、肠炎等因环境污染引起的疾病。青蒜对于心脑血管有一定的保护作用，可预防血栓的形成，同时还能保护肝脏，诱导肝细胞脱毒酶的活性，可以阻断亚硝胺致癌物质的合成，对预防癌症有一定的作用。

3. 象牙白萝卜

象牙白萝卜是老百姓餐桌上最常见的一道美食，含有丰富的维生素 A、维生素 C、淀粉酶、氧化酶、锰等。另外，其中所含的糖化酶素，可以分解其他食物中的致癌物亚硝胺，从而起到抗癌的作用。

八、烹饪文化

回锅肉的由来

回锅肉又称熬锅肉。从前居住在四川的普通人家，都以吃蔬菜为主，吃肉次数是有限的，因此又名"打牙祭"。总是把回锅肉作为主菜上桌，3～5斤[①]熬在一起，吃个够。此菜鲜香而辣，色味俱佳，在四川可以说是人人皆知，家家会做，个个爱吃的家常菜。

回锅肉与凌翰林："回锅肉"是四川名菜。传说这道菜是从前四川人逢农历初一、十五用来改善生活的当家菜。当时做法多是先白煮，再爆炒，但在清朝末年，成都有一位姓凌的翰林，因宦途失意退隐家居，潜心研究烹饪。他将先煮再炒的回锅肉改为先将猪肉去腥味，以隔水容器密封的方法蒸熟后再煎炒成菜。因为蒸熟可以减少可溶性蛋白质的损失，所以保持了肉的浓郁鲜香，原味不流失，而且色泽红亮，比原来的回锅肉制法更胜一筹。名噪锦城（成都）的旱蒸回锅肉自此流传开来，这不能不说是凌翰林的一大贡献。

---

① 1斤=500克。

九、任务检测

（一）知识检测

1. 掌握熟炒类菜肴加工流程并用相对应的直线连接

煮或蒸　　　　　　　　　　　　下配料煸炒均匀

调味　　　　　　　　　　　　　出锅装盘

入底油煸炒　　　　　　　　　　切配成型

2. 请同学们利用网络收集资料，并简述回锅肉的由来
3. 按熟炒菜肴的要求填空

（1）调料投放要恰当_____。

（2）按一定规格调味，突出_____。

（3）根据原料_____兑制调料。

（4）要选用质地_____的动植物性烹调原料。

（5）在刀工处理上，可以将原料加工成_____等较_____的形状。

4. 问答题

你认为操作中在安全、卫生等方面还应注意什么？

（二）拓展练习

课后练习制作腊肉炒西芹，并试用其他原料制作如图 1-2-4 所示的各种菜肴。

图 1-2-4　各种菜肴

(a) 辣炒带子；(b) 回锅腊肉；(c) 回锅牛肉；(d) 回锅土豆

任务三 滑炒——鱼香肉丝的处理与烹制

一、任务描述

今天是从四川来的老师考察学校的第二天，同学们需要在热菜制作工作环境中，运用"滑炒"技法，打荷与炒锅岗位协作完成工作餐菜单中四川名菜——鱼香肉丝的制作任务。

二、学习目标

（1）了解泡辣椒调味料知识及使用常识。
（2）基本掌握"中火""急火"的鉴别与运用。
（3）能够使用勺工技术"翻拌法"，运用"滑炒"技法以及盛和拨的装盘手法完成"鱼香肉丝"的制作。
（4）能够进行"鱼香汁"的调制。
（5）能够较熟练进行打荷与炒锅岗位的沟通。
（6）较熟练进行打荷与炒锅岗位的开档和收档。
（7）培养安全卫生意识，遵守中餐厨房个人卫生要求。

三、成品质量标准

鱼香肉丝成品如图 1-3-1 所示。

色泽金红、芡汁滋润、肉丝舒展、口味咸鲜香辣酸甜、葱姜蒜味浓烈、口感滑嫩、周围有少量红油渗出。

图 1-3-1 鱼丝肉丝成品

四、知识技能准备

（一）烹饪技法知识——滑炒

1. 滑炒的概念

滑炒是菜肴中的主料（通常是动物性原料）经过滑油热处理后再兑汁烹制的一种烹调方法。

2. 滑炒的技术要求

（1）选择新鲜无异味、质地细嫩的动物性原料。多加工成片、条、丝等形状，也可制成茸泥加工成丸或饼状。

（2）原料需先码味、再上浆，而且上浆要均匀。上浆可以防止原料在滑炒过程中失水退嫩，以保证菜品软嫩鲜美，着衣要均匀结实，上浆不宜过厚。

（3）滑油时根据不同原料灵活掌握火候，一般油温在三四成热。滑油时应分散下勺，料中可拌少量油，避免粘连。

（4）只有反复琢磨和练习，口味才能符合风味特点的要求。

3．滑炒的适用原料

牛肉、羊肉、猪肉、鸡肉、鲜贝、鱼肉、大虾、家畜内脏等。

（二）滑油的具体方法

1．滑油

利用温油对原料加热处理的一种方法。其操作是将加工整理或切配成型的食物原料，采用蛋液、湿淀粉包裹（上浆），投入温油锅内加热处理成熟。

2．滑油的操作过程

铁锅擦净烧热→加入食油→加热至三四成热→投入原料滑散成熟→捞出控油备用。

3．滑油的操作要领

（1）铁锅应擦净预热，再注入食油。

（2）视食物原料数量多少，掌握用油数量和调控油温。

（3）上浆的原料应注意浆的浓度和挂浆均匀。

（4）使用植物油前应事先烧透。

（5）成品菜肴应颜色洁白，要选用洁净油脂（如猪油或清油）。

（6）滑油后的原料要软而滑嫩、清爽利落。

4．滑油的适用范围

（1）质地鲜嫩、加工形状薄小的原料。

（2）使用爆炒、滑炒、滑溜等烹调方法制作菜肴前，对主料进行预熟处理。

五、鱼香菜肴典型菜例

鱼香腰花、鱼香鲜贝、鱼香大虾等。

鱼香味型主要用泡红辣椒、精盐、酱油、糖、醋、红油、味精、料酒及葱、姜、蒜等调制而成。其特点是咸、甜、酸、辣、鲜、香兼备。

六、临灶操作调味品的合理放置

临灶操作时，为使用调味品方便、快捷，提高工作效率，专业技术人员在实践中总结出的放置调味品的规律如下：

（1）先用、常用、液体、有色调味品放得近。

（2）后用、少用、固体、无色调味品放得远。
（3）不耐热的放得远，同色或近色的应间隔放置。

七、火候与勾芡

（一）烹制鱼香肉丝的火候运用

（1）烹汁后运用急火。
（2）煸炒过程运用中火。

（二）勾芡的类型

1. 淀粉汁加调味品

淀粉汁加调味品俗称"兑汁"，多用在火力旺、速度快的溜、爆等方法烹调的菜肴中。

2. 单纯的淀粉汁

单纯的淀粉汁又名"湿淀粉"，多用在一般的炒菜中。浇汁也属于勾芡的一种，又称为薄芡、琉璃芡，多用于煨、烧、扒及汤菜。

3. 包芡

包芡一般用于滑炒、爆炒方法烹调的菜肴。粉汁最稠，目的是使芡汁全包到原料上，如鱼香肉丝、炒腰花等都是用包芡的方式制作的，吃完菜后，盘底基本不留汤汁。

4. 勾芡的方法——碗内对汁翻拌法

（1）作用：使芡汁全部包裹在原料上。
（2）适用范围：爆等烹调方法制作的一类菜肴。多用于急火速成、需要勾厚芡的菜肴。
（3）方法：将菜肴所需调料（料酒、醋等除外）、汤汁、湿淀粉兑成调味粉汁，倒入加热成熟或接近成熟的原料内，然后快速颠翻锅或拌炒，使粉汁成熟、均匀地裹在原料上，然后装盘。

八、勺功技术与装盘技法

1. 临灶——勺功技术

（1）悬翻勺：铁锅端离灶口，与灶保持一定距离，使前低后高，原料送至铁锅前端时，将铁锅前端略翘，快速向后拉回，使原料翻动的一种方法。
（2）手勺的使用方法：推拌法是排勺与铁锅配合，在颠勺时把铁锅中的原料向前推动，协助铁锅翻拌原料的一种方法。
（3）助翻勺：排勺协助颠翻勺的一种方法。多适用于原料数量较多的菜肴。具体操作方法与悬翻勺的动作相同，只是在翻的同时采用排勺向前推动原料。

2. 装盘技法

炒、爆类菜肴的特点是组成菜肴原料的形状较小,汤汁较少或芡汁薄而紧。常采用的盛装方法主要有以下两种:

(1)拉入法:盛装前先颠翻勺,尽量保持形状完整并将主要原料集中在上面,然后将铁锅倾斜,用排勺左右交叉,将菜肴拉入盘内。

(2)覆盖法:盛装前先颠翻勺,使菜肴原料集中,保持形状整齐,将主要原料颠入排勺,然后先将剩余部分装入盘内,再将排勺中的部分覆盖在上,覆盖时用力要轻,使菜肴圆润饱满,形态美观。

九、工作过程

开档→组配原料→配料焯水→肉丝腌制上浆→兑制芡汁→烹制成菜→成品装盘→菜肴整理→收档。

(一)准备工具

按照本单元要求进行打荷与炒锅开档工作;按照完成鱼香肉丝工作任务需求准备常规工具。

1. 炒锅岗位准备工具

带手布、洗涤灵、铁锅、量杯、手勺、漏勺、油盐子、油隔、筷子、保鲜膜、保鲜盒、生料盆、品尝勺。

2. 打荷岗位准备工具

不锈钢刀具、砧板、九寸圆盘、消毒毛巾、筷子、餐巾纸、食品雕刻刀、剪刀、料盆、餐具、盆、马斗、带手布、调料罐、保鲜盒、保鲜膜。

(二)制作过程

1. 原料准备

打荷岗位与炒锅岗位配合领取并备齐鱼香肉丝所需主料、配料和调料,见表1-3-1和表1-3-2。

表1-3-1 准备热菜所需主料、配料

菜肴名称	数量/份	准备主料		准备配料		准备料头		盛器规格
		名称	数量/克	名称	数量/克	名称	数量/克	
鱼香肉丝	1	猪通脊丝	200	冬笋丝	50	泡辣椒	30	九寸圆盘
				水发木耳丝	40	葱末	15	
						姜末	8	
						蒜末	15	

表 1-3-2　准备热菜调味（复合味型）——鱼香味汁（1 份）

调味品名	数量/克	风味要求
料酒	10	
精盐	3	
味精	3	
酱油	12	
白糖	20	色泽金红、芡汁滋润、口味咸鲜、香辣酸甜、葱姜蒜味浓郁
米醋	15	
蛋清	20	
毛汤或水	30	
湿淀粉	35	
色拉油	300（实耗 60）	

泡辣椒是制作鱼香肉丝必备的原料，如图 1-3-2 所示。

泡辣椒——味道咸酸辣，口感脆生，色泽鲜亮，香味扑鼻。
（1）泡辣椒可以泡在泡菜坛子中慢慢使用，越泡越香。
（2）泡辣椒中一定不要加入姜，不然辣椒会变软变成空心的。
（3）用来制作泡菜的辣椒、蔬菜等一定要风干水分再放入泡菜坛子中。

图 1-3-2　泡辣椒

在四川，各种筵席、宴会中，人们在品尝各味佳肴之余，会再吃几种泡菜，这样可以调节口味，也有解腻的效果。四川泡菜易于储存，取食方便，既可直接入馔，又可作为辅料，如泡菜鱼、酸菜鸡豆花汤，以及鱼香味菜肴必需的泡生姜、泡辣椒等，均能增添菜肴的风味特色。

2．菜肴组配过程

菜肴组配过程见表 1-3-3。

表 1-3-3　菜肴组配过程

图示			
说明	猪肉去筋膜，切成长 5～8 厘米、直径 0.3 厘米的丝	冬笋片去硬块，切成细丝，入沸水焯去酸涩味，用冷水浸凉备用	木耳切成粗丝

(1)技术要点。

①丝有粗细、长短之分,但每种丝必须均匀整齐。其成型步骤都是先将原料改成片,然后再切成丝。依据原料组织结构纤维及烹调的需要,切丝法可分为顺切、横切、斜切三种。顺切是指顺着纤维纹路切,用于质地细嫩的原料,如猪通脊、鸡胸肉等。

②冬笋丝应略细于肉丝。

③木耳丝应略粗于肉丝。

④打荷岗位加工组配后的原料如图1-3-3所示。

⑤在烹调过程中,原料下勺有先后的顺序,故应将原料分开放置,不要混掺,以免影响下一道工序的操作。

水发黑木耳、冬笋洗净,葱取葱白、姜刮去外皮、蒜剥皮洗净,泡辣椒去蒂、籽备用。笋丝切完后用沸水氽一下,再放入冷水中至凉,葱、姜、蒜分别切末,泡辣椒剁成末。

图1-3-3 加工组配的原料

(2)小贴士。

木耳要用冷水发。凡体小质嫩和带有香味的干货,大多适宜凉水浸发,如冬菇、木耳、银耳、燕窝等,有些质地较老的或有涩味的蕈类,如草菇、黄蘑等,最好先用凉水浸发2～3小时后,再用温水浸泡,以免过多地失去香味。在冬季或急用时,可在凉水中适当地加入一些热水,以加快涨发速度。

(3)主料上浆技术要点。

要使浆液充分渗透到肉内。肉丝的浆液不要过厚或过薄。上浆厚薄应达到肉丝表面似有但又不明显的状态。

(4)调兑碗芡技术要点。

应注意糖醋的用量,不可过甜或过酸;酱油适中,过多过少都会影响菜肴的色泽;水淀粉不要过少,否则难以达到"利汁抱芡"的成菜要求。上浆和调兑碗芡见表1-3-4。

(5)进行热菜上浆——蛋清浆(1份)。

蛋清浆(1份)配比见表1-3-5。

表1-3-4 上浆和调兑碗芡

	打荷岗位操作完成主料上浆	炒锅岗位操作完成调兑碗芡
图示		
说明	肉丝放入碗内,加精盐、酱油、料酒码味,放入鸡蛋清拌匀,最后放入湿淀粉并顺向搅拌至上劲即可	将料酒、酱油、精盐、白糖、米醋、味精、毛汤、湿淀粉放于碗中,调成酸、甜、咸、鲜适中的碗芡

表 1-3-5 蛋清浆（1 份）配比

调味品名	数量 / 克	质量标准
鸡蛋清	40	薄为浆，厚为糊。上浆要薄得像透明的绸子，光亮滋润，充分拌匀，吃浆上劲，不出水
湿玉米粉	25	

3．烹制菜肴

烹制菜肴见表 1-3-6。

表 1-3-6 烹制菜肴

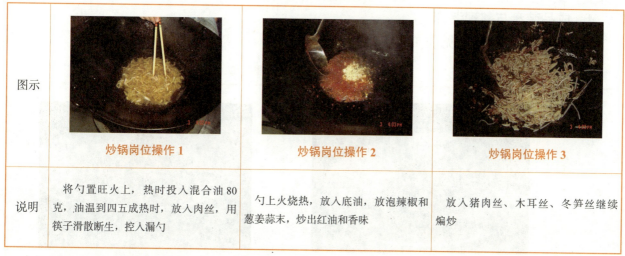

	炒锅岗位操作 1	炒锅岗位操作 2	炒锅岗位操作 3
图示	（见图）	（见图）	（见图）
说明	将勺置旺火上，热时投入混合油 80 克，油温到四五成热时，放入肉丝，用筷子滑散断生，控入漏勺	勺上火烧热，放入底油，放泡辣椒和葱姜蒜末，炒出红油和香味	放入猪肉丝、木耳丝、冬笋丝继续煸炒

（1）肉丝滑油技术要点。

肉丝下锅应热锅温油，以防止肉丝脱浆。

①煸炒泡辣椒、葱、姜、蒜时要控制在中火以下，油温太高时，可暂时离火煸炒，避免煸煳，影响香气、口味及外观。

②煸炒时开大火，将泡辣椒、葱、姜、蒜的香气、红油与主配料充分融合，将肉丝煸红，见表 1-3-7。

表 1-3-7 煸炒

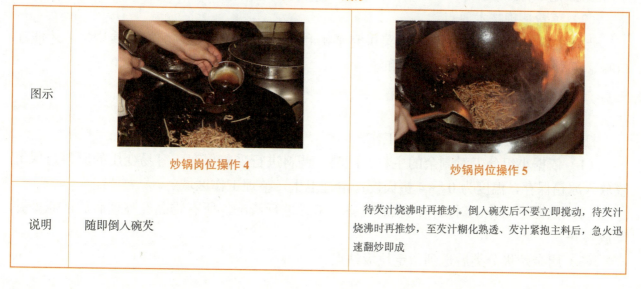

	炒锅岗位操作 4	炒锅岗位操作 5
图示	（见图）	（见图）
说明	随即倒入碗芡	待芡汁烧沸时再推炒。倒入碗芡后不要立即搅动，待芡汁烧沸时再推炒，至芡汁糊化熟透、芡汁紧抱主料后，急火迅速翻炒即成

（2）烹调成菜技术要点。

倒入碗芡后不要立即搅动，待芡汁烧沸时再推炒，至芡汁糊化熟透、芡汁紧抱主料后即成。

（3）小贴士。

初学者经常忘记将调好的味汁拌匀再放入锅中，所以制成的菜品达不到成品质量要求，因为味汁调制完成后，经常需要放置一段时间，由于白糖、精盐、味精、鸡精等固体调料没有化开，与水淀粉一起沉淀在碗底，所以成品菜肴口味、色泽、香气均不足。

4. 成品装盘与整理装饰

成品装盘与整理装饰见表 1-3-8。

表 1-3-8 成品装盘与整理装饰

图示	炒锅与打荷岗位协作完成成品装盘	打荷岗位完成菜肴整理和盘饰
说明	菜肴采用"覆盖法、拉入法"结合的方式装入器皿，呈自然堆落状	打荷厨师配合炒锅厨师进行菜肴的整理

（1）成品装盘技术要点。

打荷厨师配合炒锅厨师，要手眼配合，达到高度协调和统一。装菜不可溢出盘边，更不可接触或损坏盘饰原料。

（2）菜肴整理技术要点。

要将主料混掺均匀，因为中国菜讲究平衡和协调美，只有将主配料混掺均匀，才能在口味、色泽、香气上实现高度协调和统一。

（三）打荷与炒锅收档

打荷与炒锅配合协作完成收档工作。

（1）依据小组分工对剩余的主料、配料、调料进行妥善保存，容易变质的原料封保鲜膜放入冰箱保存，温度为 0～4 摄氏度；清理卫生，整理工作区域。

（2）依据小组分工对工作区域的设备、工具进行清洗，所有物品经整理后放回原处并码放整齐。

（3）厨余垃圾分类后送到指定垃圾站点。

（四）工作任务评价

鱼香肉丝的处理与烹制工作任务评价见表 1-3-9。

表 1-3-9　鱼香肉丝的处理与烹制工作任务评价

项目	配分/分	评价标准
刀工	15	肉丝长 5～8 厘米，直径 0.3 厘米
口味	25	咸鲜、香辣、酸甜
色泽	10	色彩润泽红亮
汁、芡、油量	20	芡汁全包到原料上，盘底基本不留芡汁，有红油渗出
火候	20	肉丝口感滑嫩，配料鲜脆
装盘成型（九寸圆盘）	10	主料突出，主配料分布均匀，盛装在盘子中部，盘边洁净无油迹，呈堆叠的山形

十、蚝油牛肉的处理与烹制

（一）成品质量标准

蚝油牛肉成品如图 1-3-4 所示。

色泽红亮、芡汁利落、滋润、口味咸鲜微甜、蚝油味浓、口感滑嫩、明油亮芡。

图 1-3-4　蚝油牛肉成品

（二）准备工具

参照鱼香肉丝准备工具。

（三）制作过程

1. 原料准备

按照岗位分工准备菜肴蚝油牛肉所需原料（参照鱼香肉丝），见表 1-3-10 和表 1-3-11。

表 1-3-10　准备热菜所需主料、配料

菜肴名称	数量/份	准备主料		准备配料		准备料头		盛器规格
		名称	数量/克	名称	数量/克	名称	数量/克	
蚝油牛肉	1	牛通脊片	200	香菇	30	葱	10	八寸圆盘
				料头花（胡萝卜片）	20	姜	3	
				芥蓝段	30	蒜	6	

表 1-3-11 准备热菜调味（复合味型）——蚝油味汁（1 份）

调味品名	数量/克	风味要求
蚝油	15	色泽红亮、芡汁利落、滋润、口味咸鲜微甜、蚝油味浓、口感滑嫩、明油亮芡。 由于蚝油是海鲜原料牡蛎熬制而成的，故应加胡椒粉末去腥提鲜。由于蚝油本身咸味较重，因此要少放精盐，甚至可以不放
料酒	10	
精盐	1	
味精	3	
胡椒粉	1	
香油	1	
老抽	3	
白糖	2	
毛汤	10	
湿淀粉	15	
色拉油	300（实耗 30）	

2. 菜肴组配过程

（1）打荷岗位完成配菜组合操作步骤，如图 1-3-5 所示。

① 选新鲜牛肉去筋膜，切成长 4 厘米、厚 0.2 厘米的长方形片。

② 冬菇、芥蓝切片备用。

③ 牛肉腌制上浆（1 份）配比，见表 1-3-12。

打荷岗位操作完成菜肴组配将牛通脊片 200 克、香菇片 30 克、料头花（胡萝卜片）20 克（焯水冲凉）、芥蓝段 30 克（焯水冲凉）、葱、姜、蒜片分别放在配菜器皿内。

图 1-3-5 打荷岗位完成配菜组合操作步骤

表 1-3-12 牛肉腌制上浆（1 份）配比

调味品名	数量/克	质量标准
精盐	1	牛肉腌制上浆：牛肉片加入精盐、味精、玉米粉、小苏打、清水拌匀搅拌至上劲，再加入 30 克全蛋液拌匀，表面淋上一层色拉油并放入冰箱腌制 40 分钟，温度为 0～4 摄氏度。 行业用语：薄为浆，厚为糊。上浆要薄得像透明的绸子，光亮滋润，充分拌匀，吃浆上劲，不出水
味精	1	
玉米粉	25	
小苏打	1	
清水	30	
生抽	2	
全蛋液	30	
色拉油	30	

菜肴组配技术要点

牛肉要将其筋膜剔除干净，以免影响成菜质感，牛肉必须横筋切片，且要薄厚一致。冬菇要大小、薄厚一致并将底面反复漂洗干净。

① 技术要点。

浆液要稀稠适度，浆液均匀挂在肉片上。放入色拉油以防止原料滑油时粘连。

肉片上浆，要充分"吃浆上劲"。

②小贴士。

原料上浆后放入冰箱保鲜腌制时间要充足，通常为 30～360 分钟不等，原则上应根据原料新鲜程度、老嫩程度、大小薄厚程度决定腌制时间。目的是在原料滑油时，在小苏打（氢氧化钠）的作用下，遇高温更容易使原料内部产生气体，迅速膨胀，从而使筋络断裂，达到嫩滑爽脆鲜香的最佳口感。

小知识

粤菜中蚝油的特性及其应用

1. 蚝油的加工

蚝油是用牡蛎加工的汁液浓缩后制成的一种调味品。

蚝油的口味有两种：咸鲜微甜和咸鲜味，质地黏稠而且鲜味浓，通常用于烹制海鲜、珍贵干货、鲜肉鲜禽和新鲜蔬菜，蚝油在广东菜中占有重要地位，在烹制过程中，通常放蚝油就不放精盐，因此对蚝油的质量要求非常严格。

烹调方法：浇汁、烧、炒、爆、蒸等。

适用原料：水产、牛肉、鸡肉、猪排骨、苦瓜、青椒、洋葱等。

菜例：蚝油鲍片、蚝油生菜、发财蚝豉、蚝菇鸡球等。

2. 蚝油的风味特点

（1）选用沙井鲜蚝汁为主要原料，辅以汀面、芝麻、白糖、精盐，经过烘焙蒸煮等工艺处理而成，既保存了鲜蚝独有的风味，又没有鲜蚝的腥臊味道，鲜美异常。

（2）蚝味鲜浓，肉质软滑，制法简便，为广东家庭代表菜式。在广州各大酒家、饭店亦为常备品种。

（3）蚝油在使用时不宜进行高温蒸煮，以免其中所含麸酸钠分解为焦谷酸氨钠而失去鲜味。

（2）兑蚝油汁。

调汁碗中放入蚝油、老抽、料酒、精盐、味精、胡椒粉、香油、白糖、毛汤、湿淀粉。

兑汁技术要点

成菜口味以咸鲜为主，白糖在菜肴中只起调和滋味的作用，故放白糖不能吃出甜味。老抽要少放，老抽颜色较深，是酱油的 5～6 倍。

3. 烹制菜肴

炒锅岗位完成操作步骤。

（1）将牛肉片放入三四成热油中，用手勺或筷子迅速将肉片滑散、滑熟。

（2）炒锅烧热，先下入 20 克底油，再下葱姜蒜片、料头花、香菇片、芥蓝段煸炒。

（3）加入料酒，下入牛肉片与配料，翻拌均匀。

（4）迅速烹入蚝油汁。

（5）使用大火迅速翻拌均匀，再淋入包尾油即可出锅。

烹制菜肴技术要点

（1）肉片下锅应热锅温油，要勤搅动，使其受热均匀。注意，所用油温不宜过低或者过高，如油温过低肉片易脱水、脱浆，失去软嫩效果；如油温过高，则原料易粘连结团、肉质干缩卷曲且夹生。

（2）应用中火煸去香菇部分水分，煸出葱、姜、蒜的香气。不要炒煳，炒煳会影响成品质量。

（3）放入料酒，迅速下入牛肉片翻拌；否则料酒香气挥发后就会失去作用。

（4）碗芡调匀后要迅速倒入并翻锅，芡汁均匀受热熟透，芡汁紧抱主料。

（5）使用大火迅速翻拌均匀，再淋入包尾油即可出锅。

4．炒锅与打荷岗位协作完成成品装盘与整理装饰操作步骤

参照鱼香肉丝的处理与烹制。

（四）打荷与炒锅收档

打荷与炒锅配合协作完成收档工作。

（1）依据小组分工对剩余的主料、配料、调料进行妥善保存，容易变质的原料封保鲜膜放入冰箱保存，温度为0～4摄氏度；清理卫生，整理工作区域。

（2）依据小组分工对工作区域的设备、工具进行清洗，所有物品经整理后放回原处并码放整齐。

（3）厨余垃圾经分类后送到指定垃圾站点。

（五）工作任务评价

蚝油牛肉的处理与烹制工作任务评价见表1-3-13。

表1-3-13　蚝油牛肉的处理与烹制工作任务评价

项目	配分/分	评价标准
刀工	15	牛肉切成长4厘米、厚0.2厘米的长方形片
口味	25	咸鲜微甜，有鲜美的蚝油味
色泽	10	色彩红亮
汁、芡、油量	20	淋汁抱芡无汪油现象
火候	20	质地滑嫩
装盘（九寸圆盘）	10	主料突出，盘边无油迹，成型好；盘饰卫生、点缀合理、美观、有新意

十一、专业知识拓展

（一）临灶——勺功技术

1．悬翻勺

铁锅端离灶口，与灶保持一定距离，使前低后高，原料送至铁锅前端时，使铁锅前端略翘，快速向后拉回，使原料翻动。

2．手勺的使用方法

推拌法是用排勺与铁锅配合，在铁锅进行颠勺时，把铁锅中原料向前推动，协助铁锅翻拌原料。

3．出菜覆盖法

盛装前先颠翻勺，使菜肴原料集中，保持形状整齐并将主要原料颠入排勺，然后先将剩余部分装入盘内，再将排勺中的部分覆盖在上，覆盖时用力要轻，使菜肴圆润饱满，形态美观。

（二）火候掌握

火候掌握是指按照烹调方法、菜品特点及食用的不同具体要求，调节控制加热温度和时间，将食品原料烹制至既符合食用要求也可达到规定质量标准的状态。

1．掌握火候的具体要求

（1）了解组成菜肴的原料性质。
（2）了解各种烹调方法的操作要求和特点。
（3）掌握菜肴成品的质量标准。
（4）能熟练运用各种勺法，动作敏捷、利落。
（5）能正确鉴别火力的强弱及油温。
（6）能恰当控制用火时间的长短和灵活用火。

2．掌握火候的一般原则

（1）质嫩、形小的烹调原料，一般采用急火、短时间加热。
（2）成菜质地要求脆、嫩，一般采用急火、短时间加热。
（3）需要快速操作、短时间成菜的烹调方法，一般采用急火、短时间加热。
（4）质老、形大的烹调原料，一般采用慢火、长时间加热。
（5）成菜质地要求酥、烂，一般采用慢火、长时间加热。
（6）需要长时间加热、原料要求味透的烹调方法，一般采用慢火、长时间加热。

（三）油烹方式

油烹是指以油脂作为传热介质，利用液体的不断对流将原料加热成熟。

1．油传热的特点

（1）比热大，温度阈宽。

（2）干燥、保鲜、增香。

（3）导热迅速均匀。

（4）增加色泽及营养。

（5）易产生有害物质。

2．油温的分类

油温的分类见表1-3-14。

表1-3-14　油温的分类

分类	俗称	温度	油面情况	原料入油后反应	运用
低温油	无	一二成30～60摄氏度	油面平静，无其他现象	基本无反应	浸泡原料
中温油	温油锅	三四成90～120摄氏度	无青烟、响声，油面平静	原料周围出现少量气泡	滑油
热温油	热油锅	五六成150～180摄氏度	微有青烟，又从四周向中间翻滚	原料周围出现大量气泡，无爆响	炸制
高温油	旺油锅	七八成210～240摄氏度	有青烟，油面较平静，搅动时有响场	原料周围出现大量气泡，有爆响	走油促油

3．油烹方式的烹调方法及成品特点

属于油烹方式的烹调方法主要有炸、氽、浸、爆、烹、拔丝、挂霜、煎等。

除了正式烹调方法外，还用于原料的预熟处理，主要是滑油和过油等。

由于油的温度阈宽，因此使用不同温度制成的菜肴，其成品特点也不完全一致，在每道菜的具体烹调方法中均有详述，此处不再赘述。

4．油烹方式制作菜肴的注意事项

（1）根据加工原料及制品要求选择油脂品种。

（2）根据加工原料及制品要求选择油的温度。

（3）用油量与加工原料的数量要恰当。

（4）适当控制火力和加热时间。

（四）冷水锅焯水

冷水锅焯水是指将加工整理的食物原料与冷水同时入锅加热至一定程度后捞出投凉、漂洗，以备正式烹调时使用。

1．冷水锅焯水的操作程序

锅中注入冷水→投入加工好的原料→加热→翻动原料→控制加热时间→捞出投凉、漂洗。

2．冷水锅焯水的操作要领

（1）在加热过程中随时翻动原料，使其受热均匀。

（2）要根据原料性质和切配烹调需要掌握好成熟度。

（3）异味重、易脱色的原料应单独焯水。

（4）焯水后的原料应立即投凉、漂洗。

3. 冷水锅焯水的适用原则

（1）异味较重、血污较多的动物性原料（如肚、肠、肉类等）。

（2）体形较大、质地坚实并带有较浓苦涩味的植物性原料（如萝卜、鲜笋等）。

4. 冷水锅焯水的注意事项

（1）锅中的水量要足够，一定要浸没原料。

（2）在加热过程中，注意及时翻动原料，使其受热均匀。

（3）应根据原料的性质和烹调的要求，掌握好出料时机。

（五）调味的阶段和方法

在制作同一个菜肴的全过程中，调味分几个阶段进行，以突出菜肴的风味特色。重复调味也称为多次性调味，是一种调味方法；而有些菜肴的调味，在某个阶段就能彻底完成，称为一次性调味。

（六）鱼香肉丝的拓展知识

1. 为什么叫鱼香肉丝

一是此菜的整体口味与四川名菜豆瓣鱼的口味很相似，因此用豆瓣鱼的香味来形容以泡辣椒、糖醋为主要调味品制作的菜肴的口味。

二是与此菜调味品中使用的泡辣椒有直接关系。因为正宗的、传统的泡辣椒在腌制时要放入鲜鲫鱼，所以又有"鱼辣子"之称。

2. 鱼香肉丝为什么要选用泡辣椒来调味

正规的鱼香肉丝只选用泡辣椒，可以毫不夸张地讲，不用泡辣椒制作的鱼香肉丝根本就不算正宗的鱼香肉丝。在川菜使用的调味品中，与泡辣椒口感、口味、用途最为相似的只有郫县豆瓣酱。两者相比，泡辣椒更含水分，颜色更红，且泡制时间短，口味辛辣，需要使用较多的油，且要炒酥。采用短时间旺火快炒、不间断、一气呵成，才能有鲜辣味，如果时间长，泡辣椒的生辣味就会出现在菜中。另外，再加上泡辣椒本身带有鱼香味，就形成了鱼香味这一特色。

3. 咸味在鱼香肉丝中尤为重要

鱼香味的排列顺序为咸、甜、辣、微酸，咸味排在第一位。如果咸味不够，糖醋味、泡辣椒味就很难融合，最后成品的味道不是甜得腻人，就是酸得令人乏味，或者辣得令人发燥。做过鱼香肉丝的人都知道，调味时经常会咸过头，很少有不够咸的时候。为什么会这样呢？可以分析咸味在鱼香肉丝中的构成，其主要有酱油的咸味、肉丝的咸味（肉丝要腌制）和泡辣椒的咸味。其实这些咸味已经足够，如果在调味时还另外加入精盐，那肯定会咸。

4. 关于配料

鱼香肉丝最佳的配料是冬笋，又名玉兰片。其原因有二：一是口感独特，冬笋口感脆嫩，和肉丝刚好相配，再有就是冬笋不含其他味道，这是其他蔬菜所不能比拟的，如果鱼香肉丝中用其他蔬菜，其他味道会影响鱼香味；二是颜色吻合，肉丝的棕色、木耳的黑色、冬笋的白色、葱花的绿色，相互配合使色泽吻合。

5. 泡辣椒要绞成茸

原因有二：一是可以给菜肴带来辣味，这是主要作用，而这种辣味是其他调味品不能代替的，只有成茸状，辣味才能得到彻底的释放；二是组成颜色，鱼香肉丝菜肴呈红色，泡辣椒的红色就是此菜的颜色标准，如果不成茸状，红色就很难透过辣椒的外皮渗出，色泽不够美观。

6. 葱、姜、蒜的使用

葱要最后下锅，因为葱要六成熟的时候才会有香味，而且辣味也会消失。姜、蒜要切成粒，早下锅，因为姜、蒜只有完全熟才能出香味。通常蒜、姜、葱的比例为3∶2∶1。这里要强调一下蒜，蒜的辛辣味和泡辣椒的香辣味在火力的作用下会形成一种独特的香味，所以鱼香肉丝中蒜是十分重要的。蒜的量要足够，但不宜过多，通常200克肉丝需要配20～30克蒜。

7. 泡辣椒要炒出酥香味

酥香意思有二：酥指火候，香指味别。泡辣椒含水分较多，除了辣味以外，还增加了咸味，但毕竟是生的，所以炒制时油要适量，温火温油，和姜蒜一起炒出香味。酥介于熟和焦之间，即要把泡辣椒炒到只有一定量的水分，不能过多也不能太少，这必须长期操作方可，也是鱼香肉丝火候的重要性。

（七）鱼香肉丝的营养

1. 猪里脊肉

猪肉中含有丰富的优质蛋白质和人体必需的脂肪酸，并可提供血红素（有机铁）和能促进铁吸收的半胱氨酸，还能改善缺铁性贫血，具有补肾养血、滋阴润燥的功效。另外，猪里脊肉含有丰富的优质蛋白，脂肪、胆固醇含量相对较少，一般人群都可食用。

2. 冬笋

冬笋富含维生素B族及烟酸等营养素，具有低脂肪、低糖、多膳食纤维的特点，本身可吸附大量的油脂来增加味道。所以肥胖的人，如果经常吃竹笋，每顿饭进食的油脂就会被它所吸附，降低了胃肠黏膜对脂肪的吸收和积蓄，从而达到减肥目的，而且竹笋还含大量纤维素，能促进肠道蠕动、去积食、防便秘，还能减少与高脂有关的疾病。另外，由于冬笋富含烟酸、膳食纤维等，能促进肠道蠕动、帮助消化、消除积食、防止便秘，故其有一定的预防消化道肿瘤的功效。

3. 黑木耳（水发）

黑木耳中铁的含量极为丰富，故常吃可令人肌肤红润，容光焕发，并可防治缺铁性贫血；黑木耳中含有维生素K，能减少血液凝块，预防血栓的产生，有防治动脉粥样硬化和冠心病的作用；黑木耳中的胶质可把残留在人体消化系统内的灰尘、杂质吸附起来集中排出体外，从而起到清胃涤肠的作用；黑木耳中含有抗肿瘤活性物质，能增强机体免疫力，经常食用可防癌抗癌。

(八)蚝油牛肉的营养

1. 蚝油

蚝油含有多种人体需要的氨基酸和蛋白质,富含营养,荤素皆宜。

2. 牛肉(后腿)

牛肉富含丰富蛋白质,氨基酸组成比猪肉更接近人体需要,能提高机体抗病能力,对生长发育及术后、病后调养的人在补充失血、修复组织等方面特别适宜,寒冬季节吃牛肉可暖胃,是该季节的补益佳品;牛肉有补中益气、滋养脾胃、强健筋骨、化痰息风、止渴止涎之功效,适宜于中气下隐、气短体虚、筋骨酸软、贫血久病及面黄目眩之人食用。

3. 香菇(鲜)

香菇具有高蛋白、低脂肪、多糖、多种氨基酸和多种维生素的营养特点;香菇中含有麦角固醇,它可转化为维生素 D,促进体内钙的吸收,并可增强人体抵抗疾病的能力。正常人吃香菇能起到防癌作用。癌症患者多吃香菇能抑制肿瘤细胞的生长;香菇食疗对腹壁脂肪较厚的患者,有一定的减肥效果。香菇中含腺嘌呤、胆碱、酪氨酸、氧化酶,能起到降血压、降胆固醇、降血脂的作用,又可预防动脉硬化、肝硬化等疾病;香菇多糖能提高辅助性 T 细胞的活力而增强人体体液免疫功能。另外,香菇还含有多种维生素、矿物质,对促进人体新陈代谢、提高机体适应力有很大作用。

十二、烹饪文化

鱼香肉丝的由来

"鱼香肉丝"是川菜中的传统名菜。在四川,烹制许多风味菜肴时,都离不开泡辣椒,这种泡辣椒在酱菜店里都有出售,在当地又称鱼辣子,俗称"鱼香"。凡是制作"鱼香"菜肴的调味料一般都与制作川菜豆瓣鱼的调味料相同,具有咸、甜、酸、辣、香、鲜等味,异常适口。"鱼香肉丝"就是用"鱼香"调味料并采取与民间烹鱼相类似的做法烹制而成的。该菜制法别致,用料与众不同,具有独特的滋味,因此深受人们的欢迎,成为川菜中最著名的菜肴之一。

这道菜以鱼香调味而定名。鱼香味的菜肴是近几十年才有的,首创者为民国初年的四川厨师。1909 年出版的《成都通览》收录了 1 328 种川味菜肴,但没有鱼香味菜,说明鱼香味菜只能是 1909 年以后才出现的。鱼香肉丝的"鱼香",由泡辣椒、精盐、酱油、白糖、姜末、蒜末、葱末调制而成。

十三、任务检测

(一)知识检测

(1)"鱼香肉丝"风味特点是_____、_____、_____、口味_____、

_____味浓郁、口感_____、周围有少量_____渗出。

（2）临灶操作调味品的合理放置。

临灶操作时，为使用调味品_____、_____，提高_____，专业技术人员在实践中总结出了放置调味品的规律。

（3）_____、有色调味品放得近。

（4）_____、无色调味品放得远。

（5）不耐热的放得远，同色或近色的应_____放置。

（6）"鱼香肉丝"调味的方法是_____翻拌法。

（7）"鱼香肉丝"装盘技法是_____、_____。

（8）蚝油是用_____加工的汁液_____后制成的一种调味品。

（二）拓展练习

课余时间，试用其他原料制作鱼香味型和蚝油味型菜肴，如图 1-3-6 所示。

图 1-3-6　鱼香味型和蚝油味型菜肴
（a）鱼香带子；（b）鱼香腰花；（c）蚝油芦笋；（d）蚝油草菇

单元二　煎制类菜肴的处理与烹制

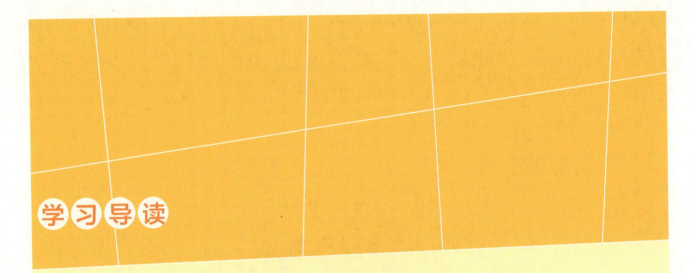

学习导读

【学习内容】

本单元主要以典型菜肴为载体,学习在岗位环境中运用"煎"的技法完成工作任务的相关知识、技能和经验。煎是将糨糊状原料或经糊糨处理的扁平状原料平铺入锅,加少量油用中小火加热,使原料表面呈金黄色而成菜的技法。煎制类的特点是色泽金黄、香脆酥松、软香嫩滑、原汁原味,油不腻,诱人欲食。根据技法的不同,可分为干煎、煎烹、煎蒸、煎焖、煎烧、煎溜等。

【任务简介】

本单元由两组煎制类菜肴处理与制作任务组成,每组任务由炒锅与打荷两个岗位在企业厨房工作环境中共同完成。

香煎芙蓉蛋的处理与烹制是以训练"煎"技法为主的实训任务。其主要训练糨糊类原料的煎制技能。本任务的自主训练内容为煎蔬菜饼的处理与烹制。

果汁煎肉脯的处理与烹制是以训练"煎烹"技法为主的实训任务,煎烹是在煎的基础上,烹入清汁入味成菜的一种烹调技法。本任务的自主训练内容为南煎丸子的处理与烹制。

【学习要求】

本单元的学习要求在与企业厨房生产环境一致的实训环境中完成。学生通过实际训练进一步适应炒锅、打荷工作环境;能够按照打荷岗位工作流程基本完成开档和收档工作。能够按照炒锅岗位工作流程运用煎、煎烹等技法以及勺工、火候、调味、勾芡、装盘技术完成典型菜肴的制作,同时在工作中培养合作意识、安全意识和卫生意识。

【相关知识】

(一)勺工知识与技能准备

1. 大翻勺的操作方法

大翻勺的操作方法见表 2-0-1。

表 2-0-1　大翻勺的操作方法

图示	说明
	先顺时针方向晃动炒锅，摩擦力可以使原料放在锅中做顺时针旋转，接着顺手一扬，让原料从右前方脱出锅，在上扬的同时，用炒锅的锅沿将原料向里勾拉，使离锅的原料向内翻转，然后根据原料下落的速度和位置，将原料接入锅中。 力度要求： 　　如果将一般的前翻锅使用的力度定为中等力度，那么大翻锅必须使用大力度，旋、拉、送、扬、托的动作比前翻锅还要流畅；否则不容易实现大翻锅。其具体原理同前翻锅，比较大的力度和特别流畅的动作，可以使锅内的原料一次性实现180度的翻转，换句话说，就是将锅内的原料一下子全部翻转过来

2．晃锅（又称旋锅或旋勺）操作方法

晃锅的操作方法见表2-0-2。

表 2-0-2　晃锅的操作方法

图示	说明
	将炒锅做顺时针或逆时针晃动，使锅内的原料旋转，以免原料粘在锅底或发生焦煳等现象，同时还要保证翻锅的顺利进行

（二）装盘方法

拖入法：扒类菜肴一般都采用拖入法盛装，讲究造型，装盘技巧性强，难度也较大，具体方法是先将铁锅转动，使原料整体运动，并保持原形整齐不变，再拖滑入盘内。如扒芦笋鲍鱼、扒肥肠菜心等。同时，此方法还适用于塌、煎、贴等类菜肴的盛装。

（三）炒锅与打荷岗位工作流程

1．进行打荷与炒锅岗位开餐前的准备工作

（1）打荷岗位所需工具准备齐全。

（2）炒锅岗位所需工具准备齐全。

2．炒锅与打荷工作任务

（1）按照工作任务进行——煎制类菜肴：香煎芙蓉蛋的处理与烹制。

（2）按照工作任务进行——煎制类菜肴：果汁煎肉脯的处理与烹制。

（3）原料准备与组配——打荷岗位与炒锅岗位配合领取并备齐制作菜肴所需主料、配料和调料。

3．进行炒锅、打荷岗位开餐后的收尾工作

（1）依据小组分工对剩余的主料、配料、调料进行妥善保存；清理卫生，整理工作区域。

（2）依据小组分工对工作区域的设备、工具进行清洗，所有物品经整理后放回原处并码放整齐。

（3）厨余垃圾分类后送到指定垃圾站点。

任务一 煎——香煎芙蓉蛋的处理与烹制

一、任务描述

快到中秋节了，今天，同学们在中餐热菜厨房中，打荷与炒锅岗位配合，制作广东名菜香煎芙蓉蛋，让老师、父母品尝一下大家的手艺。

二、学习目标

（1）了解鸡蛋、鲜虾仁、蟹肉棒、火腿、韭黄的原料知识及使用常识。
（2）初步掌握三四成热油温及"慢火"的鉴别与运用。
（3）能够较熟练使用勺工技术"晃勺""大翻勺"，运用"干煎"技法和"拖入式"的装盘手法完成香煎芙蓉蛋的制作。
（4）熟练进行打荷与炒锅岗位的沟通；具备安全意识、卫生操作意识。

三、成品质量标准

香煎芙蓉蛋成品如图 2-1-1 所示。

两面色泽金黄，口味咸鲜，质地滑嫩。

图 2-1-1 香煎芙蓉蛋成品

四、知识技能准备

（一）烹饪技法知识——煎

煎是一种先把锅烧热，用少量的油刷一下锅底，然后把加工成型（一般为扁形）的原料放入锅中，用少量的油煎制成熟的烹饪方法。通常先煎一面，再煎另一面，煎时要不停晃动锅，使原料受热均匀，色泽一致。根据技法的不同，煎可分为干煎、煎烹、煎蒸、煎焖、煎烧、煎溜等。

（二）技术关键

（1）选择新鲜无异味，质地细嫩的动、植物性原料。
（2）原料需先码味，再煎制，大小要均匀。

(3) 调味清淡,讲究原汁原味。
(4) 菜肴成品无汤汁。
(5) 煎制火候、时间应根据原料性质灵活掌握。

五、工作过程

开档→组配原料→虾仁腌制上浆→兑制搅拌蛋液→虾仁焯水→煎制成菜→成品装盘整理→收档。

(一)准备工具

按照本单元要求进行打荷与炒锅开档工作;按照完成香煎芙蓉蛋工作任务需求准备常规工具。

1. 炒锅岗位准备工具

带手布、洗涤灵、铁锅、量杯、手勺、漏勺、油鹽子、油隔、筷子、保鲜膜、保鲜盒、生料盆、品尝勺。

2. 打荷岗位准备工具

不锈钢刀具、砧板、九寸圆盘、消毒毛巾、筷子、餐巾纸、食品雕刻刀、剪刀、料盆、餐具、盆、马斗、带手布、调料罐、保鲜盒、保鲜膜。

(二)制作过程

1. 原料准备

打荷岗位与炒锅岗位配合领取并备齐香煎芙蓉蛋所需主料、配料和调料,见表2-1-1和表2-1-2。

表 2-1-1 准备热菜所需主料、配料

菜肴名称	数量/份	准备主料		准备配料		准备料头		盛器规格
		名称	数量/个	名称	数量/克	名称	数量/克	
香煎芙蓉蛋	1	鸡蛋	3	火腿	20	葱丝	15	九寸圆盘
				鲜虾仁	30			
				蟹肉棒	20			
				水发香菇	10			
				韭黄	15			

表 2-1-2 准备热菜调味(单一味型)——咸鲜味(1份)

调味品名	数量/克	风味要求
精盐	1	口味咸鲜
鸡精	2.5	
色拉油	60	

2. 菜肴组配过程

菜肴组配过程见表 2-1-3 和表 2-1-4。

表 2-1-3　菜肴组配过程（一）

图示	说明
 打荷岗位完成配菜组合	将鸡蛋、鲜虾仁、蟹肉棒、火腿、韭黄、香菇、葱、姜分别放在配菜器皿内

表 2-1-4　菜肴组配过程（二）

	打荷岗位完成兑制蛋液	打荷岗位完成搅拌蛋液	炒锅岗位完成虾仁焯水
图示			
说明	鸡蛋磕入碗中，加入精盐、鸡精、白胡椒粉	用筷子顺一个方向抽打搅拌均匀	鲜虾仁中加入精盐、生粉上浆后，入沸水焯熟

菜肴组配技术要点

（1）磕鸡蛋时不要将蛋壳碎屑掉入碗中，发现后及时挑出。

（2）搅拌蛋液时，要将其充分抽打，使调味料均匀分布。

（3）虾仁焯水变色即可捞出，若时间过长，则失去滑嫩的口感。

3. 烹制菜肴

烹制菜肴见表 2-1-5。

表 2-1-5　烹制菜肴

	炒锅岗位操作	炒锅岗位操作	炒锅岗位操作
图示			
说明	用中火烧热炒锅，下入植物油50克，倒入蛋液，并迅速用手勺紧贴锅底，从四周向中间轻推整理成圆形	待蛋饼煎至中间未定型，还呈现液态时，迅速均匀撒入所有配料	用中火煎至蛋饼底面金黄色时，大翻勺，继续晃锅将另一面煎成金黄色

烹制菜肴技术要点

（1）蛋饼成型前不要离开火口，以防止锅凉，蛋液容易粘锅；蛋饼大小以适合出菜盘内圈大小为准（注意参考评价标准）。

（2）撒入配料后千万不要搅动蛋饼，以晃锅为主，注意观察底面是否上色。

（3）翻后的蛋饼保持原形不散乱，注意连贯动作旋、拉、送、扬、托的衔接。可用筷子插入蛋液内部检查其是否成熟。

4. 成品装盘与整理装饰

成品装盘与整理装饰见表 2-1-6。

表 2-1-6　成品装盘与整理装饰

图示	炒锅与打荷岗位协作完成出菜装盘	打荷岗位完成整理装饰
说明	采用"拖入法"将菜肴装入器皿	打荷厨师用筷子、餐巾纸及预先准备好的盘饰原料对香煎芙蓉蛋进行整理和装饰

成品装盘与整理装饰技术要点

（1）打荷厨师用筷子、小勺、消毒纸巾配合炒锅厨师的盛菜节奏进行装盘，达到顺畅、迅速、利落、洁净的要求。

（2）菜肴点缀装饰要简单快捷，长时间整理会影响菜肴质量。

（三）打荷与炒锅收档

打荷与炒锅配合协作完成收档工作。

（1）依据小组分工对剩余的主料、配料、调料进行妥善保存，容易变质的原料封保鲜膜放入冰箱保存，温度为 0～4 摄氏度；清理卫生，整理工作区域。

（2）依据小组分工对工作区域的设备、工具进行清洗，所有物品经整理后归位原处，码放整齐。

（3）厨余垃圾分类后送到指定垃圾站点。

六、工作任务评价

香煎芙蓉蛋的处理与烹制工作任务评价见表 2-1-7。

表 2-1-7 香煎芙蓉蛋的处理与烹制工作任务评价

项目	配分/分	评价标准
刀工及蛋饼规格	15	配料丝长 5 厘米、直径 0.2 厘米； 蛋饼呈直径 20 厘米、厚 1.5 厘米的圆形
口味	25	咸鲜
色泽	10	色彩金黄
汁、芡、油量	20	盘底无汁无油
火候	20	质地软嫩
装盘成型 （九寸圆盘）	10	主料突出，盘边无油迹，成型好；盘饰卫生、点缀合理、美观、有新意

七、煎蔬菜饼的处理与烹制

（一）成品质量标准

煎蔬菜饼成品如图 2-1-2 所示。

色泽金黄，口味咸鲜，口感松软滑嫩。

图 2-1-2 煎蔬菜饼成品

（二）准备工具

参照香煎芙蓉蛋准备工具。

（三）制作过程

1. 原料准备

按照岗位分工准备菜肴煎蔬菜饼所需原料（参照香煎芙蓉蛋），见表 2-1-8 和表 2-1-9。

表 2-1-8 准备热菜所需主料、配料

菜肴名称	数量/份	准备主料		准备配料		准备料头		盛器规格
		名称	数量/克	名称	数量	名称	数量/克	
煎蔬菜饼	1	西葫芦	150	黄瓜	100 克	葱末	15	九寸圆盘
				胡萝卜	50 克			
				鸡蛋	2 个			
				面粉	50 克			
				淀粉	20 克			

表 2-1-9 准备热菜调味（单一味型）——咸鲜味（1 份）

调味品名	数量/克	风味要求
精盐	1	
鸡精	2	口味咸鲜
胡椒粉	0.5	
色拉油	60	

2. 菜肴组配过程

打荷岗位完成配菜组合操作步骤。

（1）将西葫芦、黄瓜、胡萝卜削去外皮，用擦床分别擦成细丝。

（2）鸡蛋磕入碗中抽打均匀。

（3）将鸡蛋液、葱末放入西葫芦丝、黄瓜丝、胡萝卜丝中，调入少许精盐、葱末、鸡粉、胡椒粉拌匀。

（4）待蔬菜丝出水稀释后，加入面粉、淀粉，搅拌成均匀的蔬菜糊。

菜肴组配技术要点

原料要鲜嫩，面粉、淀粉过箩筛去颗粒。要将蔬菜糊充分搅拌，使原料均匀分布。面粉、淀粉要分几次加入，防止出现干粉颗粒。面粉、淀粉的量要观察蔬菜丝在加入盐后出水的多少来灵活加入，倒出时呈稠粥状缓缓流出即可。

3. 烹制菜肴

炒锅岗位完成操作步骤。

（1）将锅放在火上，小火加热，倒油润锅，留10克底油，待锅热后，倒入一手勺蔬菜糊，转动锅身使面糊摊开呈薄饼状（中心厚度约6毫米，边略薄）。

（2）小火加热3~4分钟；看到蔬菜饼上部已经凝固并且蔬菜饼在锅中可以随意移动时，大翻勺继续煎另一面至金黄色即可。

烹制菜肴技术要点

（1）蔬菜饼成型前不要离开火口，以防止锅凉，面糊容易粘锅；蔬菜饼大小以适合出菜盘内圈大小为准。

（2）翻后的蔬菜饼保持原形完整不散乱，注意连贯动作旋、拉、送、扬、托的衔接。可用筷子插入内部检查是否成熟。

（3）炒锅与打荷岗位协作完成成品装盘与整理装饰操作步骤。

4. 打荷与炒锅收档

参照香煎芙蓉蛋的处理与烹制，打荷与炒锅配合协作完成收档工作。

（四）工作任务评价

煎蔬菜饼的处理与烹制工作任务评价见表2-1-10。

表2-1-10 煎蔬菜饼的处理与烹制工作任务评价

项目	配分/分	评价标准
刀工	15	配料丝长5厘米、直径0.2厘米；蔬菜饼直径20厘米、厚1.5厘米
口味	25	咸鲜
色泽	10	色彩金黄
汁、芡、油量	20	盘底无汁无油

续表

项目	配分/分	评价标准
火候	20	质地软嫩
装盘成型（九寸圆盘）	10	主料突出，盘边无油迹，成型好；盘饰卫生、点缀合理、美观、有新意

八、专业知识拓展

（一）调味的阶段

烹前调味就是在原料加热以前进行调味，对于此阶段，专业上习惯称为基本调味。

其主要目的是使原料在加热前就具有一个基本的滋味（底味），同时改善原料的气味、色泽、硬度及持水性。一般多适用于在加热过程中不宜调味或不能很好入味的烹调方法制作的菜肴，如煎、炸、烤、蒸等。烹前调味一是要准确使用调味手法及入味时间，二是要留有再次调味的余地。

（二）怎样使菜肴鲜香

为使菜肴"生香"，厨师常用下面五种技法。

1. 借香

原料本身无香味，亦无异味，要烹制出香味，只有借香，如海参、鱿鱼、燕窝等诸多干货，在初加工时，历经油发、水煮、反复漂洗，虽本身营养丰富，但所具有的挥发性香味基质甚微，故均寡而无味。菜肴的香味便只有从其他原料或调味香料中去借。

借的方法一般有两种：一是用具有挥发性的辛香料炝锅；二是与禽、肉类（或其鲜汤）共同加热。具体操作时，厨师常将两种方法结合使用，可使香味更加浓郁。

2. 合香

原料本身虽有香味基质，但含量不足或单一，则可与其他原料或调料合烹，此为"合香"。

例如，烹制动物性原料，常要加入适量的植物性原料。这样做，不仅在营养互补方面很有益处，而且可以使各种香味基质在加热过程中融溶、扬溢，散发出更丰富的复合香味。动物性原料中的肉鲜味挥发基质肌苷酸、谷氨酸等与植物性原料中的鲜味主体谷氨酸、一磷酸腺苷5'-乌苷酸等在加热时迅速分解，在挥发中凝集，形成具有复合香味的聚合团，也就人们所说的合香混合体。

3. 点香

某些原料在加热过程中，虽有香味产生，但不够"冲"；或根据菜肴的要求，还略有欠缺，此时可加入适当的原料或调味料补缀，谓之"点香"。

烹制菜肴时，在出勺之前往往要滴入香油，加些香菜、葱末、姜末、胡椒粉，或在菜肴装盘后撒椒盐、油烹姜丝等，即是运用这些具有挥发性香味原料或调味品，通过瞬时加热，使其香味基质迅速挥发、溢出，达到既调"香"，又调味的目的。

4. 裱香

有一些菜肴，需要特殊的浓烈香味覆盖其表，以特殊的风味引起人们的食欲。这时常用裱香这一技法。

熏肉、熏鸡、熏鱼等食品在制作过程中，运用不同的加热手段和熏料（也称裱香料）制作而成。常用的熏料：锯末（红松）、白糖、茶叶、大米、松柏枝、香樟树叶，在加热过程中会产生大量的烟气。这些烟气中含有不同的香味挥发基质，如酚类、醇类、有机酸、羰基化合物等。它们不仅能为食品带来独特的风味，而且具有抑菌、抗氧化的作用，使食品得以久存。

5. 提香

加热一定时间可以使菜肴原料、调料中的含香基质充分溢出，可最大限度地利用香味素产生最理想的香味效应，即"提香"。

一般速成菜，由于原料和香辛调味的加热时间短，再加上原料托糊、上浆等原因，原料内部的香味素并未充分溢出，而烧、焖、扒、炖、熬等需较长时间加热的菜肴，则为充分利用香味素提供了条件。实践证明，肉类及部分香辛料，如花椒、大料、丁香、桂皮等调味料的加热时间，应控制在 3 小时以内。因为在这个时间内，各种香味物质随着加热时间延长而溢出量增加，香味也更加浓郁，但超过 3 小时以后，其呈味、呈香物质的挥发则趋于减弱。

所以，应视原料和调味料的质与量来决定菜肴"提香"的时间。

（三）香煎芙蓉蛋的营养

1. 鸡蛋

鸡蛋含有丰富的蛋白质、脂肪、维生素和铁、钙、钾等人体所需要的矿物质，其蛋白质是自然界最优良的蛋白质，对肝脏组织损伤有修复作用；同时富含 DHA 和卵磷脂、卵黄素，对神经系统和身体发育有利，能健脑益智，改善记忆力，并促进肝细胞再生；鸡蛋中含有较多的维生素 B 族和其他微量元素，可以分解和氧化人体内的致癌物质，具有防癌作用；鸡蛋味甘，性平，具有养心安神、补血、滋阴润燥之功效。

2. 虾仁

虾仁营养丰富，肉质松软，易消化，对身体虚弱以及病后需要调养的人而言是极好的食物；虾肉中含有丰富的镁，能很好地保护心血管系统，还可减少血液中胆固醇的含量，防止动脉硬化。另外，虾肉还有补肾壮阳、通乳抗毒、养血固精、化瘀解毒、益气滋阳、通络止痛、开胃化痰等功效。

九、烹饪文化

（一）香煎芙蓉蛋

香煎芙蓉蛋用鸡蛋液与火腿、香菇、各种调味料等拌匀煎制而成。菜成块状，两面金黄，各种辅料裹藏于蛋块之中，互相交错，外层嫩滑，蛋香浓郁，是广东名菜。

（二）餐饮业的行话土语——常见烹饪手法类

（1）收汁：菜肴在煸炒中的汤汁经过加热，由多到少，由稀到稠，可增加菜肴的香味和光泽。

（2）焅汁：也称收汁。就是菜肴基本做成时，为使其入味，改用小火加热，基本将汁收尽，以增加菜肴的光泽。

（3）三搭头：指铺锅垫的形状，两边低、中间高。先横着在中间摆一行，再在上面横着摆两行，然后将其搭在中间一行上。

（4）马鞍桥：装盘的一种形式，平放两行，中间架起摆一行。

（5）爆汁：汁不多，但能抱住菜，菜吃完，盘里不剩汁。

十、任务检测

（一）知识检测

（1）菜肴香煎芙蓉蛋风味特点是色泽_____，口味_____，质地_____。

（2）拖入法盛装讲究造型，装盘技巧性强，难度也较大，具体方法是先将铁锅转动，使原料_____，_____将好面朝上，并保持原形_____，拖滑入盘内。如扒芦笋鲍鱼、扒肥肠菜心等。同时，此方法适用于_____、_____等类菜肴的盛装。

（3）煎可分为_____、_____、_____、_____、_____、_____等。

（4）晃锅又称_____或_____，其操作方法是将炒锅做顺时针或_____进行晃动，使锅内的原料_____，以免原料会_____或_____等现象，并保证翻锅的顺利进行。

（二）拓展练习

课余时间练习制作鱼香煎蛋，并试用其他原料制作各种煎菜，如图 2-1-3 所示。

图 2-1-3　各式煎菜

（a）香煎银鳕鱼；（b）煎牡蛎；（c）煎猪排；（d）香煎鲥鱼

任务二 煎烹——果汁煎肉脯的处理与烹制

一、任务描述

在炒锅环境中，在打荷岗位的配合下，运用"煎烹"技法完成广东名菜果汁煎肉脯的制作。

二、学习目标

（1）了解猪肉脯、洋葱、番茄酱、白醋的原料知识及使用常识。
（2）初步掌握三四成热油温及"慢火""急火"的鉴别与综合运用。
（3）较熟练使用勺工技术"晃勺""大翻勺"，运用"煎烹"技法和"拖入式"的装盘手法完成果汁煎肉脯的制作。
（4）熟练进行炒锅和打荷岗位的沟通；具备安全意识、卫生操作意识。

三、成品质量标准

果汁煎肉脯成品如图 2-2-1 所示。

色泽橙红光亮，芡汁滋润紧裹原料，口味酸甜鲜香，口感外酥里嫩。

图 2-2-1 果汁煎肉脯成品

四、知识技能准备

（一）烹调技法知识——煎烹

煎烹是干煎与烹的结合，在干煎后烹入味汁的一种烹调方法。

1. 技术要求

（1）选料新鲜无异味，质地细嫩的动、植物性原料，肉质可稍肥。
原料需先码味，码味清淡、腌制均匀。
（2）挂糊要均匀。
（3）味汁要求味色量准确，应在原料成熟后烹入。
（4）芡汁较多，裹匀原料，无多余汤汁。

2. 适用范围

牛肉、羊肉、猪肉、鸡肉、鲜贝、鱼肉、大虾等。

（二）烹调技法

1. 全蛋糊的调制

全蛋糊是用整只鸡蛋与面粉或淀粉、水拌制而成。它制作简单，适用于炸制拔丝菜肴，成品呈金黄色，外酥里嫩。

2. 挂糊注意事项

挂糊虽然是一个简单的过程，但实际操作并不简单，稍有差错，往往会造成"飞浆"，影响菜肴的美观和口味。因此挂糊时应注意以下问题：

首先，把要挂糊的原料上的水分蘸干，特别是经过冰冻的原料，挂糊时很容易渗出一部分水而导致脱浆，而且注意液体的调料也要尽量少放，否则会使浆料上不牢。其次，注意调味品加入的次序。一般来说，要先放入精盐、味精和料酒，再将调料和原料一同使劲拌和，直至原料表面发黏，才可再放入其他调料。先放精盐可以使咸味渗透到原料内部，同时使精盐和原料中的蛋白质形成"水化层"，可以最大限度地保持原料中的水分，尽量减少流失。

3. 勺工技术"晃勺""大翻勺"

（1）薄芡：经勾芡后，芡汁较稀薄，按浓度不同，可分为溜芡和米汤芡两种。

（2）溜芡：也称为玻璃芡，芡汁数量较多，浓度较稀薄，能够流动，多运用于滑溜、软溜、扒等菜肴。成品装盘后，芡汁1/2或1/3裹在原料上，1/2或2/3流淌在菜肴周围。淀粉与水或汤汁之比一般为1∶10。

（3）米汤芡：也称为流芡，是芡汁中最稀薄的一种，浓度最低，似米汤的稀稠度。其主要适用于某些汤菜的制作，目的是让汤水变得稍稠一些，以便突出原料，口味浓厚。淀粉与水或汤汁之比一般为1∶20。

4. 溜、烧、焖类菜肴的盛装

溜、烧、焖类菜肴成品都带有一定数量的汤、芡，盛装方法主要有以下两种：

（1）拖入法：主要适用于整体原料烹制或质嫩易破碎的菜肴，如溜鱼片、浮油鸡片、红烧鱼、酱焖鱼等，盛装前先转动原料，然后倾斜铁锅，将原料慢慢拖入盘内。另外，也可采用排勺或其他工具。

（2）盛入法：主要适用于原料烹调后不易散碎的菜肴，具体方法是用排勺分次将菜肴盛入盛器内，操作时，形状整齐的盛在面上，多种原料组成的菜肴要摆放均匀，动作要轻，不要破坏菜肴的形态，汤汁不要淋落在盘边。

👨‍🍳 五、工作过程

开档→组配原料→腌制→调制全蛋糊→兑制果汁→肉脯挂糊→煎制→烹汁成菜→成品装盘→菜肴整理→收档。

(一)准备工具

按照本单元要求进行打荷与炒锅开档工作;按照完成果汁煎肉脯工作任务需求准备常规工具。

1. 炒锅岗位准备工具

带手布、洗涤灵、铁锅、量杯、手勺、漏勺、油盐子、油隔、筷子、保鲜膜、保鲜盒、生料盆、品尝勺。

2. 打荷岗位准备工具

不锈钢刀具、砧板、八寸圆盘、消毒毛巾、筷子、餐巾纸、食品雕刻刀、剪刀、料盆、餐具、盆、马斗、带手布、调料罐、保鲜盒、保鲜膜。

(二)制作过程

1. 原料准备

打荷岗位与炒锅岗位配合领取并备齐果汁煎肉脯所需主料、配料和调料,见表2-2-1和表2-2-2。

表2-2-1 准备热菜所需主料、配料

菜肴名称	数量/份	准备主料		准备配料		准备料头		盛器规格
		名称	数量/克	名称	数量/克	名称	数量/克	
果汁煎肉脯	1	瘦猪肉	200	洋葱	100	蒜末	10	八寸圆盘
				玉米淀粉	80			
				鸡蛋	100			

表2-2-2 准备热菜调料(复合味型)——果汁味(1份)

调味品名	数量/克	风味要求
番茄酱	40	
白糖	50	
白醋	20	
喼汁	5	
料酒	5	
精盐	1	色泽橙红,口味酸甜鲜香
味精	2	
胡椒粉	2	
清水	50	
香油	2	
色拉油	50	

2. 菜肴组配过程

菜肴组配过程见表2-2-3和表2-2-4。

菜肴组配技术要点

猪肉脯刀工处理后,要呈瓦片状整齐排列,便于腌制、挂糊及煎制。

表 2-2-3　菜肴组配过程（一）

图示	说明
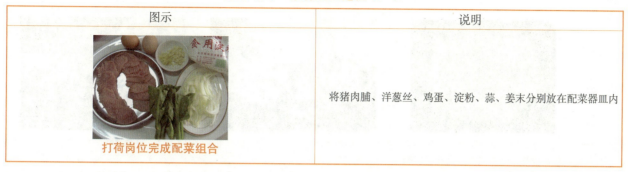 打荷岗位完成配菜组合	将猪肉脯、洋葱丝、鸡蛋、淀粉、蒜、姜末分别放在配菜器皿内

表 2-2-4　菜肴组配过程（二）

	打荷岗位完成腌制与调糊	炒锅岗位完成调制果汁	打荷岗位完成挂糊
图示			
说明	（1）猪肉脯中加入盐、料酒、胡椒粉、香油、葱姜水拌匀腌制。 （2）调全蛋糊。 用鸡蛋2个、玉米淀粉80克、适量清水拌制而成	炒锅下底油烧热，下入洋葱丝煸香，下入番茄酱、蒜煸出红油，加入清水、白糖、白醋、嗒汁、精盐、味精、胡椒粉、香油烧开，倒入调料桶待用	将腌制后的猪肉脯裹匀全蛋糊

全蛋糊（1份）配比见表 2-2-5。

表 2-2-5　热菜挂糊——全蛋糊（1份）

调味品名	数量	风味要求
玉米淀粉	80克	全蛋糊是用整只鸡蛋与面粉或淀粉、水拌制而成。它制作简单，适用于炸制拔丝菜肴，成品呈金黄色，外松里嫩
鸡蛋	2个	
清水	20克	

热菜挂糊技术要点

（1）腌制与调糊：将蛋液充分抽打，再将蛋液徐徐倒入干淀粉中充分搅拌均匀。若糊过稠，应加适量清水。注意，糊中不能有颗粒。

（2）调制果汁：口味不可太甜太酸。

（3）挂糊：用干净毛巾蘸干猪肉脯表面水分，特别是经过冰冻的原料，挂糊时很容易渗出一部分水而导致脱浆，而且要注意液体的调料也要尽量少放；否则，会使浆料无法上牢。挂糊后要充分展开，并呈瓦片状整齐排列，便于入锅煎制。

3. 烹制菜肴

烹制菜肴见表 2-2-6。

表 2-2-6 烹制菜肴

图示			
说明	炒锅烧热,下入底油,迅速将已展开的猪肉脯逐一整齐平铺于炒锅底部,用小火煎至底面呈金黄色时,迅速大翻勺继续将另一面煎至金黄色和八成熟时,整齐控入漏勺	洋葱丝用油炒熟,垫在出菜盘底	炒勺上火,热时放少许底油,投入肉脯,迅速倒入味汁,大火烧开,大翻勺,将味汁裹匀

(1) 技术要点。

① 炒锅要刷净,否则在煎肉脯时容易粘锅。油煎时应分散下勺,避免变形、粘连。下肉脯时要将锅烧热后离开火口,以防止过早上色,大火易使猪肉脯外糊里生。煎猪肉脯时用中小火,时间不宜过长;否则,肉质会变柴。另外,要勤晃锅,防止糊锅。

② 打荷厨师与炒锅配合,将洋葱丝均匀垫在盘内,中间微微隆起。

③ 倒入味汁时,要用旺火,这样才能烹出香气,使菜肴滋润明亮。

(2) 小贴士。

初学翻锅者,往往是看别人翻锅挺利落的,而锅一到自己手中,心里就发慌,不知如何是好。有的同学用沙子练习时还好,一旦站在炉灶的火苗前就浑身发抖,这些都是心理素质的问题。

练习翻锅也要如完成其他动作一样,进行每个动作之前,都要做好充分的思想准备,时刻在想这一步怎么做,关键在哪里,同时要对下一步或下几步的动作做到心中有数,否则,心里恐慌、胆怯都会使动作失败。另外,还要加强对翻锅协调性的训练和对翻锅适应性的训练,只有适应了、协调了,久而久之,才能练就熟练的翻锅技能。

4. 成品装盘与整理装饰

装盘整理技术要点:猪肉脯要码排整齐,芡汁要覆盖均匀,菜肴点缀装饰要简单快捷,从速上席,若长时间整理会影响菜肴质量。成品装盘与整理装饰如图 2-2-2 所示。

(三) 打荷与炒锅收档

打荷与炒锅配合协作完成收档工作。

(1) 依据小组分工对剩余的主料、配料、调料进行妥善保存,容易变质的原料封保鲜膜放入冰箱保存,温度为 0~4 摄氏度;清理卫生,整理工作区域。

炒锅与打荷岗位协作完成装盘整理

菜肴采用"拖入法"装入器皿。

图 2-2-2 成品装盘与整理装饰

（2）依据小组分工对工作区域的设备、工具进行清洗，所有物品经整理后归位原处，码放整齐。

（3）厨余垃圾分类后送到指定垃圾站点。

（四）工作任务评价

果汁煎肉脯的处理与烹制工作任务评价见表2-2-7。

表2-2-7 果汁煎肉脯的处理与烹制工作任务评价

项目	配分/分	评价标准
刀工	15	长6厘米、宽4厘米、厚0.6厘米的猪肉脯
口味	25	咸鲜酸甜
色泽	10	色彩橙红，光亮润泽
汁、芡、油量	20	包裹住原料后略有余汁
火候	20	表皮香酥，肉质口感软嫩
装盘（八寸圆盘）	10	主料突出，盘边无油迹，成型好；盘饰卫生、点缀合理、美观、有新意

六、南煎丸子的处理与烹制

（一）成品质量标准

南煎丸子成品如图2-2-3所示。

色泽棕褐，芡汁滋润，紧裹原料，口味咸鲜香，口感酥嫩软烂。

图2-2-3 南煎丸子成品

（二）准备工具

参照果汁煎肉脯准备工具。

（三）制作过程

1. 原料准备

按照岗位分工准备菜肴南煎丸子所需原料（参照果汁煎肉脯），见表2-2-8和表2-2-9。

表2-2-8 准备热菜所需主料、配料

菜肴名称	数量/份	准备主料		准备配料		准备料头		盛器规格
		名称	数量/克	名称	数量/克	名称	数量	
南煎丸子	1	猪肉馅	250	马蹄	40	葱	50克	八寸圆盘
				鸡蛋	50	姜	20克	
						八角	2瓣	

表 2-2-9　准备热菜调味（复合味型）——红烧味（1 份）

调味品名	数量/克	风味要求
酱油	15	
白糖	3	
料酒	15	
精盐	2	
味精	2	色泽呈棕褐色，芡汁滋润，紧裹原料，口味咸鲜香
胡椒粉	1	
色拉油	30	
清水	200	
淀粉	60	
香油	3	

2．菜肴组配过程

打荷岗位完成配菜组合操作步骤。

（1）加工组配后的原料：剁细的肉馅和马蹄末、葱姜末、摘剔修整好的油菜心。

（2）猪肉馅加入精盐、味精、胡椒粉、料酒、淀粉、鸡蛋、马蹄末、葱末、姜末，将香油拌入肉馅中，拌匀上劲待用。

（3）左手将肉馅攥在手心中，向虎口处轻轻用力挤出肉馅，右手同时配合，用大拇指尖朝虎口方向平推并上挑，挤出肉丸（挤出 16 个直径 3.5 厘米的肉丸），整齐放在平盘中（盘底抹油），再用手轻按成肉饼待用。

菜肴组配技术要点

（1）猪肉馅要肥三瘦七，用绞肉机绞两遍，再用排斩的方法将筋络斩断剁细；否则，挤出的丸子表面不光滑，影响成品美观。

（2）调料要按顺序加入，肉馅要顺一个方向逐渐加快速度搅拌上劲，直至肉馅起黏性。

（3）肉饼成型要大小、薄厚一致。要反复练习，使动作熟练；否则会影响工作效率。

3．烹制菜肴

烹制菜肴见表 2-2-10。

表 2-2-10　烹制菜肴

图示	说明
	**炒锅岗位完成操作步骤** （1）肉丸整齐推入六成热锅中，小火煎至底面呈金黄色时，迅速翻勺继续将另一面煎至金黄色和八成熟时，整齐控入漏勺。 技术要求：煎制时忌用旺火，否则会造成外焦内生，颜色发黑。翻勺时不能将丸子整体翻散碎。 煎制时用晃勺的勺工技术，就是将铁锅做顺时针或逆时针的晃动，使锅中原料旋转的技法，是防止原料粘底或焦煳，或者配合翻勺时运用。 （2）炒锅上火调味汁：放入毛汤、葱段、姜片、料酒、精盐、味精、胡椒粉、酱油、白糖、香油、八角；汤开后整齐推入丸子，小火烧制

(1) 技术要求。

①旋锅的基本要求是首先要将锅端稳,虽然有外力作用,但炒锅不能发生歪斜现象,其次施加给炒锅的外力要控制均匀,不能突然施加外力或作用过猛,以防原料撒出来。

②此菜以咸味为主,甜味不宜突出,选择酱油品种时可用老抽,但要少放,因为老抽颜色较深,是普通酱油的 5~6 倍。

(2) 小贴士。

初学调味者应遵循"宁淡勿咸"的原则,不可养成调味过重的习惯,养成"每菜必尝味"的习惯,这样可以有效地逐步积累调味经验,熟练驾驭五味调和。

4. 浓度对味觉的影响

对味觉的刺激产生快感或不快感,受浓度影响很大。浓度适宜能引起人的快感,过浓或过淡都可能引起不舒服的感受或令人厌恶。

一般情况下,精盐在汤菜中的浓度以 0.8%~1.2% 为宜,烧、焖、爆、炒等菜肴中以 1.5%~2.0% 为宜。

5. 炒锅与打荷岗位协作完成操作步骤

(1) 炒锅厨师将初加工好的油菜焯水后,由打荷厨师将油菜呈放射状码入盘中。

(2) 炒锅厨师与打荷厨师配合将烧好的丸子捞出,并整齐地码入盘中。

6. 炒锅岗位完成操作步骤

炒锅厨师将锅中剩余汤汁勾芡后,均匀地淋在丸子上。

7. 炒锅与打荷岗位协作完成成品装盘与整理装饰操作步骤

要码放整齐、美观。

8. 打荷与炒锅收档

参照果汁煎肉脯的处理与烹制,打荷与炒锅配合协作完成收档工作。

(四)工作任务评价

南煎丸子的处理与烹制工作任务评价见表 2-2-11。

表 2-2-11 南煎丸子的处理与烹制工作任务评价

项目	配分/分	评价标准
丸子规格	15	直径 3.5 厘米的棋子状,挤 16 个丸子
口味	25	咸香浓厚
色泽	10	色泽棕褐、滋润光亮
汁、芡、油量	20	芡汁滋润,包裹住原料后略有余汁
火候	20	口感软嫩
装盘成型(八寸圆盘)	10	主料突出,盘边无油迹,成型好;盘饰卫生、点缀合理、美观、有新意

七、专业知识拓展

（一）大翻锅的方法

1. 大翻锅的操作方法

先顺时针方向晃动炒锅，通过摩擦力使原料放在锅中做顺时针旋转，接着顺手一扬，让原料从右前方脱出锅，在上扬的同时，用炒锅的锅沿将原料向里勾拉，使离锅的原料向内翻转，根据原料下落的速度和位置，将其接入锅中。

2. 大翻锅的基本要求

（1）原料的要求：在前翻之前，首先要通过旋锅或抖动炒锅，使原料与炒锅之间充分分离，或实现一个非常流畅的相对滑动，为正式翻锅做好必要的准备。

（2）动作要求：在正式翻锅之前，用左手旋锅或抖动炒锅，使用的力度要比前翻锅大，也可以用手勺推动原料，或者用手勺放在原料的后方协助翻锅动作顺利完成。

（3）心理因素与心理准备：大翻锅的心理准备应比前翻锅一般的翻法还要充分，在翻锅之前要狠下决心，一定要一次性将原料翻转过来，如果不能一次性翻过来，在正式烹调时必将对菜肴造成较大的影响。

（4）力度要求：如果一般的前翻锅使用中等力度，大翻锅则必须使用大力度，推、拉、送、扬的动作比前翻锅还要流畅；否则，不容易完成大翻锅。

3. 大翻锅的基本动作要领和规范动作

（1）前翻的规范动作：规范动作如同前翻锅，不过推、拉、送、扬的力度比前翻锅要大一些，所有动作要整体、流畅。

（2）前翻的动作要领：首先，要保证原料与锅之间绝对的分离，否则会因为摩擦力的作用而妨碍翻锅的流畅性；其次，要做好充分的思想准备，要做到心狠，手狠，用力要猛；还要使用较大的力度，确保翻锅能顺利进行。

（二）调料知识

1. 番茄酱

番茄酱是鲜番茄的酱状浓缩制品。呈鲜红色酱体，是一种富有特色的调味品，一般不直接入口。番茄酱由成熟红番茄经破碎、打浆、去除皮和籽等粗硬物质后，经浓缩、装罐、杀菌而成。番茄酱常用作鱼、肉等食物的烹饪佐料，是增色、添酸、助鲜、郁香的调味佳品。

2. 喼汁

喼汁（Worcestershire Sauce），亦称辣酱油、伍斯特沙司，是一种英国调味料，使用醋及多种香料制作而成。喼汁味道酸甜微辣，色泽黑褐，19世纪从英国传入中国直到现在使用仍非常普遍，例如，用于制作粤式点心中的山竹牛肉球。

3. 白醋

白醋是醋的一种。除了3%～5%醋酸和水之外不含或极少含其他成分。以蒸馏过的酒发酵制成，或直接用食品级别的醋酸兑制。白醋无色，味道单纯。用于烹调，特别是西餐中用来制作泡菜（酸味来自醋而不是发酵）。也可用作家用清洁剂，例如，清洗咖啡机内部的积垢。

（三）营养知识

洋葱：洋葱是老百姓餐桌上最常见的食物，无论中餐还是西餐，洋葱的使用都非常普遍，洋葱的营养极其丰富，特别是它的特殊功效更是成为食物原料中的佼佼者。洋葱具有发散风寒、抵御流感、强效杀菌、增进食欲、促进消化、扩张血管、降血压、预防血栓、降低血糖、防癌抗癌、清除自由基、防治骨质疏松症和感冒等作用；并且可以治疗消化不良、食欲不振、食积内停等症。

八、烹饪文化

果汁煎肉脯和南煎丸子的由来

（一）果汁煎肉脯

粤菜善于借鉴和创新，既借鉴北方各大菜系之名肴，也借鉴西方国家之美食，果汁煎肉脯即是借鉴西菜中的"牛扒"创新而成。西菜中的牛扒，先用大块肉熟后淋西汁；其特点是汁不入肉，肉的原味较浓，宜用刀叉；果汁煎肉脯则用小块肉，半煎半炸熟后烹果汁。其特点是味质深入肉内，混合味强，宜用筷子夹，可按此法改用鸡脯、鸭脯、鹅脯制作创意菜肴，即为"果汁煎鸡脯""果汁煎鸭脯""果汁煎鹅脯"。此菜外焦脆，内嫩滑，醒酒开胃，岭南风味突出。

（二）南煎丸子

南煎丸子源自河北省的南奇村，曾是一道直隶官府菜，传说，袁世凯任直隶总督的时候，在官府的宴席中为避讳"袁"字，将圆形的丸子制成了扁形的棋子状，并为其取名为"南煎丸子"。这道菜属于一个创新的菜系——五方菜。所谓"五方菜"，是指集东南西北中五方菜系和百家之长的新菜系。

九、任务检测

（一）知识检测

（1）一般情况下，精盐在汤菜中的浓度以_____为宜，烧、焖、爆、炒等菜肴中以_____为宜。

（2）薄芡是指经勾芡后，芡汁较稀薄，按_____不同，可分为_____和_____两种。

（3）全蛋糊是用整只_____与面粉或_____、清水拌制而成。它制作简单，适用于炸制较嫩的菜肴，成品为金黄色，外酥里嫩。

（4）菜肴果汁煎肉脯的风味特点是色泽_____光亮，芡汁滋润_____，原料口味_____鲜香，口感_____。

（二）拓展练习

课余时间练习制作果汁煎鸡脯，并试用其他原料制作各种菜肴，如图 2-2-4 所示。

图 2-2-4　各种菜肴

（a）西柠煎软鸡；（b）煎猪肝；（c）煎鸡脯

单元三　炸制类菜肴的处理与烹制

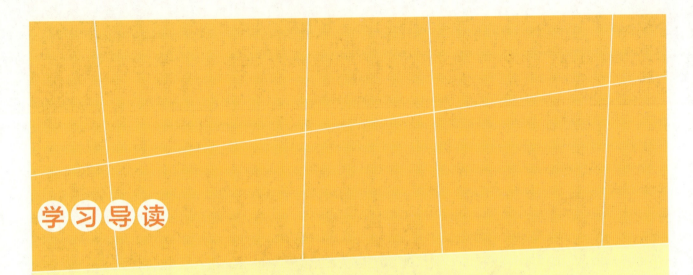

学习导读

【学习内容】

本单元主要以典型菜肴为载体，学习在岗位环境中运用"炸"的技法完成工作任务的相关知识、技能和经验。

【任务简介】

本单元由四组炸制类菜肴处理与制作任务组成，每组任务由"炒锅"和"打荷"两个岗位在企业厨房工作环境中配合共同完成。

软炸里脊的处理与烹制是以训练"软炸"技法为主的实训任务，软炸是原料经过腌制调味挂软炸糊炸制的烹调方法。适于鸡肉、牛肉、鲜贝、大虾、虾仁、鱼肉等原料。本任务的自主训练内容为干炸丸子的处理与烹制。

香酥鸡的处理与烹制是以训练"酥炸"技法为主的实训任务，酥炸是将原料煮熟或蒸熟后再下油锅炸制的烹调方法。酥炸的特点是成菜酥香肥嫩。本任务的自主训练内容为炸鲜奶的处理与烹制。

西法肉的处理与烹制是以训练"碎屑料品炸"技法为主的实训任务，碎屑料品炸是原料经腌制入味，蘸挂面包渣等碎屑，入锅炸制的一种烹调方法。适用于牛肉、猪肉、鸡肉、鲜贝、鱼肉、大虾等原料。本任务的自主训练内容为炸菠萝鸡的处理与烹制。

炸五丝筒的处理与烹制是以训练"包卷炸"技法为主的实训任务，包卷炸是原料用鸡蛋皮、面粉皮、江米纸、威化纸、玻璃纸、锡纸等包裹后直接或挂糊后，入锅炸制的一种烹调方法。本任务的自主训练内容为炸佛手卷的处理与烹制。

【学习要求】

本单元要求在与企业厨房一致的实训环境中完成。学生通过实际训练熟悉打荷与炒锅岗位工作情境；能够按照打荷岗位工作流程基本完成开档和收档工作，能够按照炒锅岗位工作流程运用软炸、酥炸、碎屑料品炸、包卷炸等技法和勺工、火候、调味、勾芡、装盘技术完成典型菜肴的制作并在工作中培养合作意识、安全意识和卫生意识。

【相关知识】

打荷与炒锅岗位工作流程。

1. 进行打荷与炒锅岗位开餐前的准备工作

（1）打荷岗位所需工具准备齐全。

（2）炒锅岗位所需工具准备齐全。

2. 打荷与炒锅工作任务

（1）按照工作任务进行——炸制类菜肴：软炸里脊的处理与烹制。

（2）按照工作任务进行——炸制类菜肴：香酥鸡的处理与烹制。

（3）按照工作任务进行——炸制类菜肴：西法肉的处理与烹制。

（4）按照工作任务进行——炸制类菜肴：炸五丝筒的处理与烹制。

（5）原料准备与组配——打荷岗位与炒锅岗位配合领取并备齐制作菜肴所需主料、配料和调料。

3. 进行炒锅、打荷岗位开餐后的收尾工作

（1）依据小组分工对剩余的主料、配料、调料进行妥善保存；清理卫生，整理工作区域。

（2）依据小组分工对工作区域的设备、工具进行清洗，所有物品经整理后放回原处并码放整齐。

（3）厨余垃圾分类后送到指定垃圾站点。

任务一　软炸——软炸里脊的处理与烹制

一、任务描述

在炒锅打荷岗位工作环境中，打荷与炒锅岗位协作完成"软炸里脊"烹制的工作任务。

二、学习目标

（1）能够鉴别五六成与七成热"油温"，并会运用"中火"和"旺火"。

（2）能够运用"软炸糊""软炸"技法和"盛入式"的装盘手法完成"软炸里脊"的制作。

（3）通过对炒锅岗位真实工作情景的模拟，在制作软炸里脊的过程中，体验岗位间的协作关系，树立团队意识，提升沟通技巧。

三、成品质量标准

软炸里脊成品如图3-1-1所示。

色泽金黄，口味咸香，质地松酥软嫩，配上花椒盐佐食。

图3-1-1　软炸里脊成品

四、知识技能准备

（一）烹调技法知识——软炸

将质嫩形小或原料剞花刀切制成型、调味后，挂软炸糊，投入热油内中火加热成熟的方法，称为软炸。

操作要求及特点如下：

（1）必须选用鲜嫩无骨的原料加工成均匀形状，主料需要提前入味。

（2）操作的原料，一般都要先剞花刀，再切制成型。

（3）调糊要均匀，软炸糊调制后不能出现颗粒。挂在原料上要薄厚均匀（不能显出内部原料的纹理）。

（4）通常要采用两次复炸的方式完成菜肴炸制。第一遍用五成热油温加热炸至七成熟，色泽淡黄，第二遍用七成热油温加热炸至色泽金黄，外酥里嫩。

（5）成品质地外酥里嫩，色泽金黄，油香味浓，食用时蘸调味品。

（二）装盘方法——盛入法

盛入法主要适用于原料烹调后不易散碎的菜肴，具体方法是用排勺将菜肴分次盛入盛器内，操作时，形状整齐的盛在面上，多种原料组成的菜肴摆盘要均匀，动作要轻，不要破坏菜肴的形态，汤汁不要淋落在盘边。

五、工作过程

开档→组配原料→腌制原料→调制软炸糊→挂糊→初炸→复炸→成品装盘菜肴整理→收档。

（一）准备工具

按照本单元要求进行打荷与炒锅开档工作；按照完成软炸里脊工作任务需求准备常规工具。

1. 炒锅岗位准备工具

带手布、洗涤灵、铁锅、量杯、手勺、漏勺、油鏾子、油隔、筷子、保鲜膜、保鲜盒、生料盆、品尝勺。

2. 打荷岗位准备工具

不锈钢刀具、砧板、八寸圆盘、消毒毛巾、筷子、餐巾纸、食品雕刻刀、剪刀、料盆、餐具、盆、马斗、带手布、调料罐、保鲜盒、保鲜膜。

（二）制作过程

1. 原料准备

打荷岗位与炒锅岗位配合领取并备齐软炸里脊所需主料、配料和调料，见表3-1-1和表3-1-2。

表 3-1-1 准备热菜所需主料、配料

菜肴名称	数量/份	准备主料		准备配料		准备料头		盛器规格
		名称	数量/克	名称	数量/克	名称	数量/克	
软炸里脊	1	猪通脊	200	鸡蛋	100	葱	20	八寸圆盘
				玉米淀粉	80	姜	5	
				面粉	40			

表 3-1-2 准备热菜调味（单一味）——咸香味（1份）

调味品名	数量/克	风味要求
精盐	1.5	
味精	1	
料酒	5	
胡椒粉	1	色泽金黄，口味咸香，质地松酥软嫩，配上花椒盐佐食
香油	2	
花椒盐	1	
色拉油	500（实耗30）	

小贴士——里脊与通脊

里脊：有大里脊和小里脊，大里脊就是大排骨相连的瘦肉，外侧有筋覆盖，通常吃的大排去骨后就是里脊，小里脊是脊椎骨内侧一条肌肉，体积细小。通脊：脊椎骨两旁的肌肉，体积宽大。烹饪中常说的里脊即通脊。

2．菜肴组配过程

菜肴组配过程见表3-1-3。

表3-1-3 菜肴组配过程

图示		
	打荷岗位完成菜肴组配后进行肉片腌制	打荷岗位完成软炸糊调制
说明	肉片中加入精盐、味精、料酒、胡椒粉、香油、葱、姜、清水拌匀腌制	将蛋液充分抽打，再将蛋液徐徐倒入干淀粉和面粉中用筷子充分搅拌均匀。糊调拌好后可适当加一些色拉油

软炸糊（1份）配比见表3-1-4。

表3-1-4 软炸糊（1份）配比

调味品名	数量/克	风味要求
鸡蛋	100	糊要调拌均匀无颗粒，过稠可适当加一些清水
玉米淀粉	80	
面粉	40	
清水	20	

菜肴组配技术要点

（1）肉片腌制：挂糊时很容易渗出一部分水而导致脱浆，还要注意液体调料的加入。由于炸制时会丧失一部分水分，因此精盐不可加入过多，否则制成的菜肴口味过重。

（2）软炸糊配比：糊要调拌均匀适度，过稠可适当加一些清水。

（3）糊中不能有颗粒，如出现颗粒要用手指轻轻碾碎。必要时，用细箩过滤。

3．烹制菜肴

烹制菜肴见表3-1-5。

烹制菜肴技术要点

（1）油温一定要控制准确，六成热时下入原料，下入原料后周围可出现大的气泡。

（2）肉片挂糊刚下入油锅时，软炸糊还未成熟定型，主要以晃锅为主，或用手勺轻推油的表面，使原料脱离锅底，待原料全部浮于油面时，再用手勺与漏勺配合，将粘连的肉片打散。

表 3-1-5 烹制菜肴

图示		
说明	第一次炸制 肉片与软炸糊拌匀；肉片分散下入六成热油中炸至成熟、定型	复炸 油温升至八成热时下入肉片复炸至金黄色，捞出控油

（3）复炸时油温要高于第一次炸的油温，炸时要不停搅拌，保证原料颜色一致。

（4）争取每次将原料一次性捞出，以保证原料成熟度和色泽一致。

（5）制作油炸食品时，油温很高，应防止烫伤。

4．成品装盘与整理装饰

成品装盘与整理装饰见表 3-1-6。

表 3-1-6 成品装盘与整理装饰

图示	 炒锅与打荷岗位协作完成成品装盘	 打荷岗位完成整理和装饰
说明	打荷厨师用筷子、餐巾纸及预先准备好的盘饰原料对菜肴进行整理和装饰	

成品装盘与整理装饰技术要点

（1）保持盘面卫生达到食用要求。

（2）要美观大方，菜品呈自然堆落状。

（三）打荷与炒锅收档

打荷与炒锅配合协作完成收档工作。

（1）依据小组分工对剩余的主料、配料、调料进行妥善保存，容易变质的原料封保鲜膜放入冰箱保存，温度为 0～4 摄氏度；清理卫生，整理工作区域。

（2）依据小组分工对工作区域的设备、工具进行清洗，所有物品经整理后放回原处并

（四）工作任务评价

软炸里脊的处理与烹制工作任务评价见表 3-1-7。

表 3-1-7　软炸里脊的处理与烹制工作任务评价

项目	配分/分	评价标准
刀工	15	肉片长 5 厘米、厚 0.2 厘米，薄厚均匀，不连刀
口味	25	口味咸香，质地松酥软嫩
色泽	10	色泽金黄，颜色一致
汁、芡、油量	20	成品菜肴干爽
火候	20	口感松酥软嫩
装盘成型（八寸圆盘）	10	呈堆叠的山形

六、干炸丸子的处理与烹制

（一）成品质量标准

干炸丸子成品如图 3-1-2 所示。

（二）准备工具

参照软炸里脊准备工具。

色泽金黄红亮，口味咸鲜，质地松酥干香。配上花椒盐佐食。

图 3-1-2　干炸丸子成品

（三）制作过程

1. 原料准备

按照岗位分工准备菜肴干炸丸子所需原料（参照软炸里脊），见表 3-1-8 和表 3-1-9。

表 3-1-8　准备热菜所需主料、配料

菜肴名称	数量/份	准备主料		准备配料		准备料头		盛器规格
		名称	数量/克	名称	数量/个	名称	数量/克	
干炸丸子	1	猪肉（瘦）	150	鸡蛋	1	葱	30	八寸圆盘
		猪肉（肥）	100			姜	10	

表 3-1-9　准备热菜调味（单一味）——咸香味（1 份）

调味品名	数量/克	风味要求
精盐	1.5	口味咸鲜干香
味精	1	
料酒	10	
胡椒粉	1	
黄酱	2	
生粉	50	
色拉油	500（实耗 30）	

2．菜肴组配过程

打荷岗位完成配菜组合操作步骤。

将肥、瘦猪肉，花椒，胡椒粉分别放在配菜盆内；肉馅与调料搅拌均匀。

注意，肥、瘦猪肉比例恰当。

3．烹制菜肴

炒锅岗位完成操作步骤。

（1）用手将肉馅挤成丸子。

（2）用手将肉馅挤成均匀的小丸子下入锅中。

（3）入锅炸至金黄色捞出。用炒勺将丸子拍松。

（4）待锅内油温升高后，再放入丸子复炸至酥脆，捞出控净油装盘。

烹制菜肴技术要点

（1）肉馅调拌均匀并上劲，口味不可过咸，因为炸丸子时会失去一部分水分。

（2）锅添油烧至六成热，油温不可过高或过低，以确保丸子的颜色。

（3）用手将肉馅挤成均匀的小丸子逐个入锅，丸子下锅时动作要快；否则丸子成熟程度不一致。

（4）丸子入锅炸至金黄色捞出。用手勺将丸子拍松以防止丸子粘连在一起。

（5）复炸待锅内油温升高至八成热后，再放入丸子炸至酥脆，捞出控净油装盘，炸时要不停搅拌，以保证丸子的颜色一致。

4．炒锅与打荷岗位协作完成成品装盘与整理装饰操作步骤

参照软炸里脊的处理与烹制。

5．打荷与炒锅收档

参照软炸里脊的处理与烹制，打荷与炒锅配合协作完成收档工作。

（四）工作任务评价

干炸丸子的处理与烹制工作任务评价见表 3-1-10。

表 3-1-10　干炸丸子的处理与烹制工作任务评价

项目	配分/分	评价标准
肉馅配比	15	四成肥，六成瘦
口味	25	咸香适中
色泽	10	色泽金黄、颜色一致
肉丸形状规格	20	直径 2 厘米的圆球状；挤 18～20 个丸子
火候	20	外酥脆，内鲜嫩
装盘（九寸圆盘）	10	主料突出，盘边无油迹，成型好；盘饰卫生、点缀合理、美观、有新意

七、专业知识拓展

（一）烹调技法知识——"炸""软炸"

1. 炸

炸是将经过初步加工的烹调原料，直接或经过糊糊处理后，在多量的油中烹制加热的一种烹调方法。根据原料的"着衣"和加热方式，炸可分为清炸、干炸、软炸、酥炸、纸包炸、面包炸、脆炸、油浸炸、油淋炸、包卷炸。

炸的方式及其示例菜肴见表 3-1-11。

表 3-1-11　炸的方式及其示例菜肴

清炸	香炸鸡翅、清炸鸭肝	干炸	干炸黄鱼、干炸牛肉丸
软炸	软炸大虾、软炸鱼柳	酥炸	炸五丝筒、脆炸鲜奶
纸包炸	纸包三鲜、纸包鸡	面包炸	吉利鸡排、吉利鲜虾丸
脆炸	脆炸响铃、网油鸡卷	油浸炸	油浸鱼、油浸花枝片
油淋炸	广东脆皮鸡、油淋子鸡	包卷炸	炸佛手、三丝卷

2. 软炸

软炸是原料经过腌制调味挂软炸糊炸制的烹调方法。

（1）适应范围：鸡肉、牛肉、鲜贝、大虾、虾仁、鱼肉。

（2）技术要点。

①原料新鲜无异味。

②多加工成片条状。

③腌制应入味。

④一般分两次炸。

（二）原料营养知识——料酒

1. 料酒

料酒就是专门用于烹饪调味的酒，在我国的应用已有上千年的历史，日本和美国以及欧洲的某些国家也有使用料酒的习惯。从理论上来说，啤酒、白酒、黄酒、葡萄酒都可当作料酒使用，但人们经过长期的实践、品尝后发现，不同的料酒所烹饪出来的菜肴风味相距甚远。经过反复试验，人们发现用黄酒最合适。

2．料酒的作用

料酒的作用主要是去除鱼、肉类的腥膻味，增加菜肴的香气，有利于咸甜各味充分渗入菜肴中。家庭烹饪一般用黄酒。

3．料酒的食用功效

料酒富含人体需要的八种氨基酸，如亮氨酸、异亮氨酸、蛋氨酸、苯丙氨酸、苏氨酸等，它们在被加热时，可以产生果香、花香和烤面包的味道。其中，赖氨酸、色氨酸可以产生大脑神经传递物质，不仅有利于改善睡眠，而且有助于人体内脂肪酸的合成，对儿童的生长发育也有好处。

（三）各种酒的用法

烹调时，一般要使用一些料酒，这是因为其可以解腥起香，使用时要注意以下几点：

（1）烹调中最合理的用酒时间，应该是在整个炒菜过程中锅内温度最高的时候。比如红烧鱼，必须在鱼煎制完成后立即放酒；比如炒虾仁，虾仁滑熟后，酒要先于其他作料入锅。绝大部分的炒菜、爆菜、烧菜，酒一旦喷入，立即爆出响声，同时冒出一股香气。

（2）上浆挂糊时，也要用酒，但用量不能多；否则就会挥发不尽。

（3）用酒要忌溢和忌多，有的厨师凡菜肴中有荤料时，一定放酒，就连榨菜肉丝汤之类的菜肴也放，结果清淡的口味反被酒味破坏，这是因为放在汤里的酒根本来不及挥发。所以厨师在用酒时一般要做到"一要忌溢，二要忌多"。

（4）有的菜肴要强调酒味，例如，红酒鸡翅的制法是选用10只鸡翅，经油炸后加番茄酱、白糖、精盐一起焖烧至变酥，随后加入红葡萄酒，着芡出锅装盒。这个菜把醇浓的红葡萄酒香味作为菜肴最大的特点，既然这样，酒在出锅前放，减少挥发就更为合理了。

（5）用酒来糟醉食品时，往往不加热，这样酒味就更浓郁了。

（6）啤酒调味小窍门。

①炒肉片或肉丝，用淀粉加啤酒调糊挂浆，炒出后格外鲜嫩，味道很好。

②烹制冻肉、排骨等菜肴，先用少量啤酒，腌制10分钟左右，清水冲洗后烹制，可除腥味和异味。

③烹制含脂肪较多的肉类、鱼类时，加少许啤酒，有助脂肪溶解，产生脂化反应，使菜肴香而不腻。

④清蒸鸡时，先将鸡放入啤酒中腌制10～15分钟，然后取出蒸熟，格外鲜滑可口。

⑤清蒸腥味较大的鱼类，用啤酒腌制10～15分钟，熟后不仅腥味大减，而且味道近似螃蟹。

⑥凉拌菜时，先把菜浸在啤酒中，加热烧开即取出冷却，加作料拌食，别有风味。

八、烹饪文化

山东菜和软炸里脊

（一）山东菜

山东菜又称鲁菜，是我国四大菜系之一，在我国北方地区流传甚广，是北方菜的基础，华北、东北、北京、天津等地的菜肴受山东风味影响很深，一些名菜的做法大都源于鲁菜，可见其影响之广。我国素有"烹饪王国"之称，而山东则有"烹饪之乡"的美誉。

山东地处我国东部沿海，黄河下游自西而东横贯全境。东濒汪洋，西部为黄河下游冲积平原，大运河纵贯南北。中部五岳之首泰山耸立，丘陵起伏。南有微山、南阳等众多的湖泊。全省气候温暖，日照充足，膏壤沃野，万顷碧波，种植业和养殖业十分发达，是我国温带水果的主要产区之一，仅苹果就占全国产量的40%。猪、羊、禽、蛋产量可观。蔬菜种类繁多，品质优良。水产品极为丰富，品种繁多，产量居全国第三位。仅驰名中外的名贵海产品就有鱼翅、海参、鲍鱼、干贝、对虾、加吉鱼、比目鱼、鱿鱼、大蟹、紫菜等数十种之多。内陆湖河淡水水域辽阔，富有营养的水生植物有40余种，淡水鱼类达70余种。另外为鲁菜提供调味品的酿造业不仅历史悠久而且品多质优，如洛口食醋、济南酱油、即墨老酒、临沂豆豉、济宁酱菜等，都是久负盛名的佳品。

丰富的物产，为鲁菜的发展提供了取之不尽、用之不竭的物质资源，早在清乾隆《山东通志》中，就有"奇巧珍惜，不竭其藏"的记载，为发展我国的烹饪文化做出了重要贡献。

剖析鲁菜之长，在于用料广泛，选料考究，刀工精细，调和得当，形色兼美，工于火候；烹调技法全面，尤以爆、炒、烧、炸、塌、溜、蒸、扒见长。其风味特点则有十六字诀：咸鲜为本，葱香调味，注重用汤，清鲜脆嫩。

（二）软炸里脊

软炸里脊是一道传统鲁菜，其做法与另一道传统鲁菜干炸肉十分相似，但是口感、口味上与其又有着本质的区别。造成这种区别的主要原因就在于炸肉之前对生肉的处理手法不同。软炸里脊的特点在于：皮软肉香、色泽金黄。另外，由于软炸里脊是"软炸系"的代表菜，所以学会这道菜后自然通晓"软炸系"其他菜肴的做法。

九、任务检测

（一）知识检测

（1）丸子复炸待锅内油温升高至_____后，再放入丸子_____，捞出控净油装盘，炸时要_____以保证丸子的_____。

（2）制作肉丸时用手将肉馅挤成＿＿＿＿＿＿＿的小丸子＿＿＿＿＿＿＿入锅，丸子下锅时动作＿＿＿＿＿＿＿；否则丸子成熟程度＿＿＿＿＿＿＿，颜色＿＿＿＿＿＿＿。

（3）调拌肉馅时要均匀并＿＿＿＿＿＿＿，口味不可过＿＿＿＿＿＿＿，因为炸丸子时会失去一部分＿＿＿＿＿＿＿。

（二）拓展练习

课余时间试用其他原料制作如图3-1-3所示的软炸、干炸菜肴。

图 3-1-3　软炸、干炸菜肴

（a）干炸带鱼；（b）干炸响铃；（c）软炸虾仁；（d）软炸银鱼

任务二　酥炸——香酥鸡的处理与烹制

一、任务描述

在中餐热菜厨房中，打荷与炒锅厨师相互配合，运用"酥炸"技法，与打荷岗位沟通合作，完成北京名菜——香酥鸡成品菜肴的制作。

二、学习目标

（1）了解肉鸡、花椒、八角、丁香、小茴香、桂皮的原料知识及使用常识。
（2）能正确完成蛋清糊的调制与挂糊。
（3）能够较为熟练地使用中火，能够较为熟练地鉴别热温油。
（4）能够运用"酥炸"技法和"砌入式"的装盘手法完成香酥鸡的制作。
（5）通过对炒锅岗位真实工作情景的模拟，在制作香酥鸡的过程中，体验岗位间的协作关系，树立团队意识，提升沟通技巧。

三、成品质量标准

香酥鸡成品如图 3-2-1 所示。

色泽金红，口味咸香，口感外酥里嫩，脱骨配上花椒盐佐食。

图 3-2-1　香酥鸡成品

四、知识技能准备

（一）烹调技法知识——酥炸

酥炸是原料经过调味、腌制，经初步熟处理后挂糊炸制的烹调方法。

（二）火候

即制作菜肴时火力的大小和加热时间的长短。

1. 火候掌握

火候掌握，是按照烹调方法、菜品特点及食用的不同具体要求，调节控制加热温度和加热时间，将食品原料烹制至符合食用要求并达到规定的质量标准。

2. 掌握火候的原则

（1）必须适应烹调方法的需要。

(2）根据原料种类及性质确定火候。

(3）同一种原料加工形态不同，火候也不同。

(4）投放原料的数量不同，火候也不同。

3．掌握火候的方法

(1）根据饮食习俗不同定火候。

(2）根据原料的形体及颜色变化定火候。

(3）按原料加工后的形状定火候。

(4）视原料质地决定投放次序。

(5）根据菜肴风味特色掌握火候。

五、工作过程

开档→组配原料→原料刀工处理→腌制→蒸制→挂糊→炸制→切制→成品装盘→菜肴整理→收档。

（一）准备工具

按照本单元要求进行打荷与炒锅开档工作；按照完成香酥鸡工作任务需求准备常规工具。

1．炒锅岗位准备工具

带手布、洗涤灵、铁锅、量杯、手勺、漏勺、油盐子、油隔、筷子、保鲜膜、保鲜盒、生料盆、品尝勺。

2．打荷岗位准备工具

不锈钢刀具、砧板、一尺长方盘、消毒毛巾、筷子、餐巾纸、食品雕刻刀、剪刀、料盆、餐具、盆、马斗、带手布、调料罐、保鲜盒、保鲜膜。

（二）制作过程

1．原料准备

打荷岗位与炒锅岗位配合领取并备齐香酥鸡所需主料、配料和调料，见表3-2-1和表3-2-2。

表3-2-1 准备热菜所需主料、配料

菜肴名称	数量/份	准备主料		准备配料		准备料头		盛器规格
		名称	数量	名称	数量/克	名称	数量/克	
香酥鸡	1	肉鸡	一只（750克）	生菜	100	葱	50	一尺[1]长方盘
				鸡蛋清	50	姜	20	
				玉米淀粉	40	丁香	1	
						花椒	5	
						桂皮	2	
						八角	3	
						小茴香	3	

[1] 1尺≈0.33米。

表 3-2-2　准备热菜调味（单一味）——咸香味（1 份）

调味品名	数量/克	风味要求
精盐	1.5	色泽金红，口味咸香，配上花椒盐佐食
味精	1	
料酒	25	
胡椒粉	2	
酱油	5	
白糖	1	
花椒盐	1	
色拉油	500（实耗 30）	

2．菜肴组配过程

菜肴组配过程见表 3-2-3。

表 3-2-3　菜肴组配过程

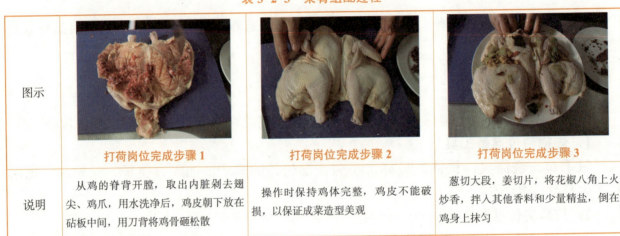

图示	打荷岗位完成步骤 1	打荷岗位完成步骤 2	打荷岗位完成步骤 3
说明	从鸡的脊背开膛，取出内脏剁去翅尖、鸡爪，用水洗净后，鸡皮朝下放在砧板中间，用刀背将鸡骨砸松散	操作时保持鸡体完整，鸡皮不能破损，以保证成菜造型美观	葱切大段，姜切片，将花椒八角上火炒香，拌入其他香料和少量精盐，倒在鸡身上抹匀

菜肴组配技术要点

腌制鸡时精盐不可放得过多，因为炸鸡时会失去一部分水分，造成口味过重。

3．烹制菜肴

（1）蒸鸡。

蒸鸡过程见表 3-2-4。

表 3-2-4　蒸鸡过程

图示	上杂岗位完成	上杂岗位完成
说明	蒸锅烧开后，将腌制好的鸡上屉蒸烂（2 小时）	将鸡从蒸锅中取出，摘净鸡身上的葱、姜、香料后备用

蒸鸡技术要点

①蒸鸡时要用大火猛气，确保鸡蒸得酥烂。

②炸鸡前一定要将其身上的葱姜及香料摘净,否则炸制时极易乱溅,烫伤厨师,并且成品鸡皮的颜色不一致,可能出现斑点。

上杂岗位是中餐热菜厨房中的一个重要岗位,其中,蒸制原料是其职责之一,下一阶段会重点介绍。在本次任务中,暂时由打荷岗位操作完成。

(2)挂糊。

挂糊过程见表3-2-5。

表 3-2-5　挂糊过程

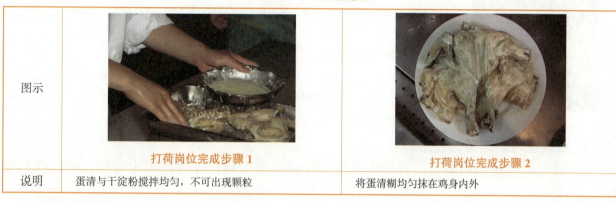

	打荷岗位完成步骤1	打荷岗位完成步骤2
图示		
说明	蛋清与干淀粉搅拌均匀,不可出现颗粒	将蛋清糊均匀抹在鸡身内外

挂糊技术要点

①调制糊不可出现颗粒,如有颗粒,可用手指将颗粒碾碎,保证炸后的鸡颜色美观。

②挂糊要均匀一致,确保炸后的鸡颜色和口感均匀。

蛋清糊(1份)配比见表3-2-6。

表 3-2-6　蛋清糊(1份)配比

调味品名	数量/克	风味要求
鸡蛋清	50	糊要调拌均匀,无颗粒
玉米淀粉	40	

(3)炸制。

炸制过程见表3-2-7。

表 3-2-7　炸制过程

	炒锅岗位完成步骤1	炒锅岗位完成步骤2	炒锅岗位完成步骤3
图示			
说明	坐宽油至六成热时沿锅边推入油中炸制	控制火候和炸制的时间,用中火将鸡身两面炸至金黄色至熟,油温保持在六成热	将鸡炸至表皮酥脆,呈金黄色时捞出控油,要将油控干净

炸制技术要点

原料入锅时一定沿锅边下入或将原料贴近油面以防止热油溅起造成烫伤。

4. 成品装盘与整理装饰

成品装盘与整理装饰见表 3-2-8。

表 3-2-8 成品装盘与整理装饰

图示	说明
	打荷岗位完成装盘整理 打荷厨师将炸好的鸡剁成条块状，并用码放法按原整鸡形状将切好的鸡块整齐码入盘中然后进行装饰。 **剁鸡块操作程序** 用刀卸下鸡腿→鸡翅→用刀尖剔下鸡脯肉→剁下鸡头、鸡脖子→将剩下的鸡架子斩成小块垫于盘底→分别将鸡腿、鸡翅、鸡脯肉、鸡脖子斩成条块覆盖在鸡架子表面→最后将鸡头码放在最前端→鸡身侧面放好椒盐味碟

成品装盘与整理装饰技术要点

（1）先用刀膛拍松鸡身，再剁成鸡块，注意不要散碎，应保持鸡皮完整，成品应尽量还原整鸡形状。

（2）装盘时，刀具、菜板及个人卫生确保达到食品卫生要求。

（三）打荷与炒锅收档

打荷与炒锅配合协作完成收档工作。

（1）依据小组分工对剩余的主料、配料、调料进行妥善保存，容易变质的原料封保鲜膜放入冰箱保存，温度为 0～4 摄氏度；清理卫生，整理工作区域。

（2）依据小组分工对工作区域的设备、工具进行清洗，所有物品经整理后放回原处并码放整齐。

（3）厨余垃圾分类后送到指定垃圾站点。

（四）工作任务评价

香酥鸡的处理与烹制工作任务评价见表 3-2-9。

表 3-2-9 香酥鸡的处理与烹制工作任务评价

项目	配分/分	评价标准
刀工	15	鸡块长 5 厘米，宽 1.5 厘米；砌回整鸡原形
口味	25	咸香
蛋清糊与整鸡配比	10	整鸡与蛋清糊的比例为 9∶1
火候	20	质地酥烂脱骨
色泽	20	色泽金红
装盘 （一尺长方盘）	10	主料突出，盘边无油迹，成型好；盘饰卫生、点缀合理、美观、有新意

六、炸鲜奶的处理与烹制

（一）成品质量标准

炸鲜奶成品如图 3-2-2 所示。

（二）准备工具

参照香酥鸡准备工具。

色泽金黄，口味甜香，口感外酥里嫩。

图 3-2-2 炸鲜奶成品

（三）制作过程

1. 原料准备

按照岗位分工准备菜肴炸鲜奶所需原料（参照香酥鸡），见表 3-2-10 和表 3-2-11。

表 3-2-10 准备热菜所需主料、配料

菜肴名称	数量/份	准备主料		准备配料		准备料头		盛器规格
		名称	数量/克	名称	数量/克	名称	数量	
炸鲜奶	1	鲜牛奶	400	面粉	500	无	无	一尺长方盘
				生粉	40			
				泡达粉	45			
				吉士粉	25			
				黄油	80			
				椰浆	150			

表 3-2-11 准备热菜调味（单一味）——甜香味（1份）

调味品名	数量/克	风味要求
精盐	1	色泽金黄，口味甜香，口感外酥里嫩
白糖	30	
色拉油	500（实耗 30）	

2. 菜肴组配过程

菜肴组配过程见表 3-2-12。

表 3-2-12 菜肴组配过程

图示		
说明	准备原料	调糊：面粉 500 克，生粉 75 克，泡打粉 45 克，吉士粉 45 克，精盐 10 克，色拉油 125 克，清水适量

打荷岗位完成配菜组合操作步骤。

(1) 原料组成：鲜牛奶、黄油、白糖、吉士粉、泡打粉。

(2) 参照表 3-2-13 调脆皮糊配比。

菜肴组配技术要点

(1) 糊要搅拌均匀，不可出现颗粒。

(2) 保证盛装器皿洁净。

表 3-2-13　脆皮糊（1 份）配比

调味品名	数量/克	质量标准
面粉	500	糊要调拌均匀，无颗粒，成品膨胀饱满光滑（炸后迅速膨胀至原料本身的 2 倍以上），色泽金黄或象牙黄，用手掰开看呈蜂窝状，并发出清脆的响声
生粉	40	
泡打粉	45	
吉士粉	25	
精盐	1	
清水	380	
色拉油	100	

3．烹制菜肴

烹制菜肴见表 3-2-14。

(1) 炒锅岗位完成操作步骤。

制作奶坯步骤如下：

①在干净不锈钢盆里加入牛奶、黄油、白糖，上火烧开。

②用牛奶将生粉稀释，慢慢倒入锅中，边倒边搅拌至牛奶呈稠糊状。

(2) 打荷岗位完成操作步骤。

在浅不锈钢方盘中抹一层色拉油。

(3) 炒锅岗位与打荷岗位协作完成操作步骤。

①炒锅厨师将熬好的奶糊迅速倒入抹过一层色拉油的浅方盘中晾凉。

②打荷厨师双手握住浅方盘两端，轻轻将浅方盘中的奶糊在案板上抹平，直至薄厚一致，自然晾凉后，放入冰箱使其冷藏凝固。

调糊技术要点

①烧黄油、白糖时火力不可过大，否则容易将黄油烧糊。

②调糊时糊的浓稠度不可过稀，否则牛奶块不易成型。

③若浅方盘中不涂油，奶块容易粘上。

(4) 打荷岗位完成操作步骤。

将牛奶块取出，扣在案板上，切成 2.5 厘米见方的骨牌块，大小要一致。

扣制技术要点

①扣制时动作要轻，防止奶块破损。

②大小要均匀一致，确保菜品外形保持一致。

（5）炒锅岗位完成操作步骤。

表 3-2-14　烹制菜肴

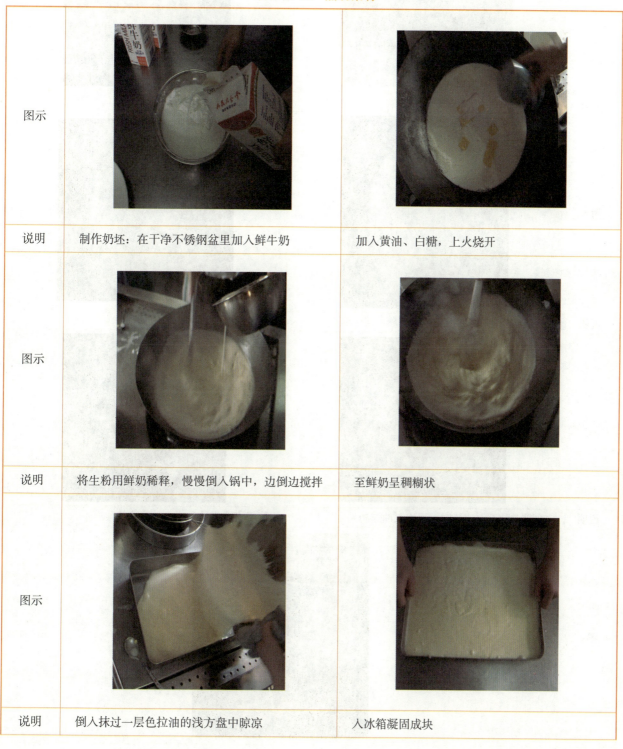

图示		图示	
说明	制作奶坯：在干净不锈钢盆里加入鲜牛奶	说明	加入黄油、白糖，上火烧开
说明	将生粉用鲜奶稀释，慢慢倒入锅中，边倒边搅拌	说明	至鲜奶呈稠糊状
说明	倒入抹过一层色拉油的浅方盘中晾凉	说明	入冰箱凝固成块

续表

图示			
说明	将牛奶从冰箱中取出		在案板上撒一层干淀粉，牛奶扣于案板上
图示			
说明	切成2.5厘米见方的骨牌块，蘸一层干淀粉		鲜奶逐块放入脆皮糊中
图示			
说明	坐宽油烧至六成热时，逐块入油炸制		待奶块漂起呈金黄色时控油装盘
图示			
说明	放入盘内，食用时蘸白糖佐食		

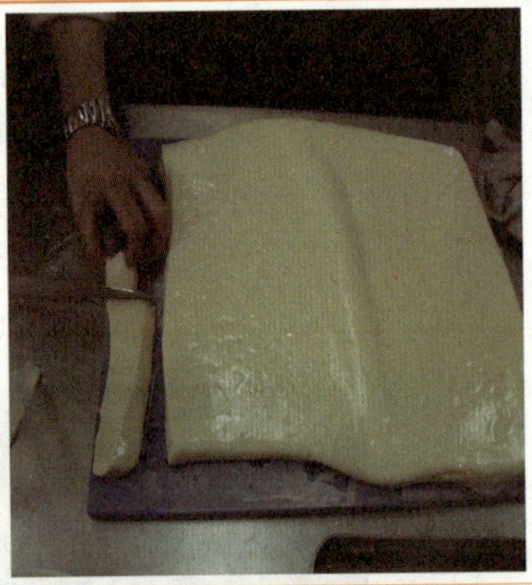

续表

技术要点

①确保糊均匀粘在奶块上。

②炸制时始终保持油温在六成热，油温过低，脆皮糊容易吃油，炸不出酥的感觉，油温过高则上色过重。

③炸制鲜奶时，用手勺轻推，不要将糊碰裂，造成奶糊流出。

（6）炒锅与打荷岗位协作完成成品装盘与整理装饰操作步骤。

用码放法装盘，跟白糖味碟，切不可将白糖撒在成品上；否则，白糖宜化，导致口感不佳。

4．打荷与炒锅收档

参照香酥鸡的处理与烹制，打荷与炒锅配合协作完成收档工作。

（四）工作任务评价

炸鲜奶的处理与烹制工作任务评价见表 3-2-15。

表 3-2-15　炸鲜奶的处理与烹制工作任务评价

项目	配分/分	评价标准
刀工	15	奶块：2.5 厘米见方
口味	25	椰奶甜香；可蘸炼乳、果酱佐食
脆皮糊配比	10	稀稠适中，裹匀奶块
火候	20	外酥里嫩，成品奶心呈流体状
色泽	20	炸制成品膨胀饱满，呈象牙黄色
装盘（九寸盘）	10	主料突出，盘边无油迹，成型好；盘饰卫生、点缀合理、美观、有新意

七、专业知识拓展

（一）烹调技法知识——"酥炸"

（1）酥炸是原料经腌制入味，入锅炸制的一种烹调方法。

（2）操作要求。

①选料新鲜无异味，质地细嫩，多加工成整体、片、条、块、球等形状。

②某些原料要以汽蒸方式完成初步热处理，加热至酥烂入味后再炸制。

③炸制时根据不同原料灵活掌握火候。

④挂糊或干粉要均匀适度。

（3）适用范围：牛肉、猪肉、鸡肉、鲜贝、鱼肉、大虾等。

（4）代表菜例：香酥鸭子、酥炸墨鱼柳、酥炸黄鱼、酥炸鸭筒。

(二)怎样掌握油温

烹制菜肴时,掌握好油温的火候十分重要。该用旺火的不能用小火,该用文火的也不要用急火。油的温度过高或过低,对炒出来的菜的香味都有影响。特别是做油炸的菜肴,如油的温度过高,会使所炸的菜肴外焦里不熟;油的温度过低,所炸菜肴挂的浆、糊容易脱散,使菜肴不能酥脆。

通常炒菜时放油不宜过多。炸制菜肴时,若锅内油多,又不好用温度计测量油温,只能通过感观进行判断。

锅里的油加热后,把要炸的食物放入,待其沉入锅底,再浮上油面后,这时的油温大约160摄氏度,如果制作拔丝菜,如拔丝山药、拔丝白薯、拔丝土豆,用这种油温比较合适。这时锅下的火应控制住,以能保持油温即可。

油加热以后,把食物放入其中,待其沉入油的中间再浮上油面时,这种油的温度大约170摄氏度。用这种温度的油炸香酥鸡、香酥鸭比较合适,炸出的鸡、鸭外焦里嫩。炸时,也要控制住锅下的火。

如果把要炸的食物放入油中不沉,这种油的温度约可达190摄氏度,比较适合炸各种含水分较少的菜肴,如干炸带鱼、干炸黄鱼、干炸里脊等。

1. 关于十成油温

菜谱中常对油温有几成热的描述,由于十成油温温标属于厨师经验估测出的温度标度方法,所以,其估测误差往往因人而异,一般允许存在半成(±10～15摄氏度)误差。

2. 炸鲜奶工艺提示

(1) 熬鲜奶要顺一个方向搅动。

(2) 严格掌握水淀粉与鲜奶的比例,使奶坯软硬适中。

(3) 将脆浆对好后,静止一会儿,才可使用。

(4) 奶坯用手勺轻轻推动,避免粘连,使受热均匀,上色深浅一致,重炸一遍,使之外焦里嫩。

(5) 可加琼脂10克,加水少许蒸化,对入奶浆,搅匀,然后冷冻成型,使奶胚质韧,便于改刀挂糊,炸后琼脂溶化,牛奶更显柔软。

(6) 因有过油炸制的过程,需准备花生油1 000克。

八、烹饪文化

"香酥鸭子"与卓别林

"香酥鸭子"香气扑鼻,香味浓郁,酥而不腻,酥而适口。世界著名喜剧大师卓别林,生前有一段与香酥鸭子有关的趣事。

1954年,周恩来总理在日内瓦会议结束后,宴请瑞士名流,由总理带去的川菜厨师范俊康主厨。席间上了香酥鸭子,卓别林一吃就赞不绝口,称之为"终生难忘的美味"并要求总理让他带一只回家,与家人共享。此事被后人传为佳话,香酥鸭子的名声也不胫而走。

九、任务检测

（一）知识检测

（1）菜肴炸制时始终保持油温在_____，油温_____脆皮糊容易吃油炸不酥，_____上色过重。

（2）菜肴炸制前蘸一层薄薄的干淀粉作用是原料和_____挂在_____上。

（3）奶块冷冻时冰箱冷冻温度不可_____，在_____以上即可。确保再炸制时，时间过长造成菜肴_____过重。

（二）拓展练习

课余时间试用其他原料制作如图 3-2-3 所示的香酥、脆炸菜肴。

（a）

（b）

图 3-2-3　香酥、脆炸菜肴
（a）香酥鲫鱼；（b）脆炸冰激凌

任务三 碎屑料品炸——西法肉的处理与烹制

一、任务描述

炒锅与打荷厨师相互配合，使用猪肉排、面包渣等原料，运用"拍粉拖蛋滚渣糊"和"碎屑料品炸"技法完成典型菜肴西法肉的烹制。

二、学习目标

（1）掌握"拍粉拖蛋滚渣糊"挂糊技法。
（2）熟练掌握"中火"的鉴别与运用。
（3）能够使用勺工技术"捞拌法"，运用"碎屑料品炸"技法和"砌入式"的装盘手法完成西法肉的制作。
（4）通过规范地完成西法肉操作训练，养成良好的职业习惯，提高安全意识和卫生意识。

三、成品质量标准

西法肉成品如图 3-3-1 所示。

色泽金黄，口味咸香，口感外酥里嫩，食用时可用花椒盐、沙拉酱蘸食。

图 3-3-1 西法肉成品

四、知识技能准备

（一）烹调技法知识——香炸

1. 定义

香炸是原料经过腌制、调味、拍粉、滚蛋液、蘸面包糠炸制的烹调方法。

2. 青油工艺

（1）青油工艺看似简单，窍门却不少。有的厨师烹调出的蔬菜色泽暗淡、吐水严重，味道与质地颇差；而有的厨师烹调的蔬菜油光闪亮、脆嫩爽口、吐水极少；炒、炸、煎、贴、油淋、烹都各有技术上的关键要领，它们是保障菜肴质量最重要的因素。

（2）青油岗位，又称青油档口，简称青油档，是以烹调新鲜蔬菜和以制作油锅菜肴为主的岗位。故有的又称之为青油锅。

（3）吐水：即烹蔬菜时，蔬菜中的水分有少量的溢出为正常。

（二）肉的形态结构和性状

（1）肉的定义。肉是指畜禽屠宰后，除去血、皮、毛、内脏、头和蹄之后的可食部分，包括肌肉、脂肪、骨骼和软骨、腱、筋膜、血管、淋巴、神经、腺体等。

（2）肉的形态结构。肉的四种组成部分比例大致是肌肉组织占50%～60%，脂肪组织占20%～30%，结缔组织占9%～14%，骨骼占15%～22%。

①肌肉组织。

肌肉组织是肉的主要组成部分，是决定肉质量的重要成分。由于牲畜的种类、品种、性别、年龄、肥瘦、饲料和经济用途等不同，其占胴体的比例相差很大。

②脂肪组织。

脂肪组织是结缔组织的变形，主要是由脂肪细胞所构成的，在细胞中含有大量的中性脂肪。脂肪细胞可以单独分布在结缔组织中，也可以一起构成脂肪组织。

③结缔组织。

分布：结缔组织在动物体内分布极广，如腱、韧带、肌束膜、血管、淋巴、神经、毛皮等均属于结缔组织。它是机体的保护组织，并使机体有一定的韧性和伸缩能力。

④骨骼组织。

肉中骨骼所占比例大小，是影响肉的质量和等级的重要因素之一。猪骨骼一般占5%～9%，牛骨骼占7.1%～32%，羊骨骼占8%～17%。

五、工作过程

开档→组配原料→加工原料→腌制猪排→挂糊→上锅炸制→整形处理→成品装盘→菜肴整理→收档。

（一）准备工具

按照本单元要求进行打荷与炒锅开档工作；按照工作任务需求准备常规工具。

1. 炒锅岗位准备工具

带手布、洗涤灵、炒勺、量杯、手勺、漏勺、油盐子、油隔、筷子、保鲜膜、保鲜盒、生料盆、品尝勺。

2. 打荷岗位准备工具

不锈钢刀具、砧板、一尺长方盘、消毒毛巾、筷子、餐巾纸、食品雕刻刀、剪刀、料盆、餐具、盆、马斗、带手布、调料罐、保鲜盒、保鲜膜。

（二）制作过程

1. 原料准备

打荷岗位与炒锅岗位配合领取并备齐西法肉所需主料、配料和调料，见表3-3-1和表3-3-2。

表 3-2-1　准备热菜所需主料、配料

菜肴名称	数量/份	准备主料		准备配料		准备料头		盛器规格
		名称	数量/克	名称	数量/克	名称	数量/克	
西法肉	1	猪通脊	200	鸡蛋	75	葱	20	一尺长方盘
				干面粉	60	姜	5	
				面包渣	100			

表 3-3-2　准备热菜调味（单一味）——咸香味（1 份）

调味品名	数量/克	风味要求
精盐	1	色泽金黄，口味咸香，口感外酥里嫩，可蘸花椒盐、沙拉酱食用
料酒	3	
鸡精	1	
胡椒粉	1	
香油	1	
色拉油	500（实耗 30）	

2. 菜肴组配过程

菜肴组配过程见表 3-3-3。

表 3-3-3　菜肴组配过程

	打荷岗位操作步骤 1	打荷岗位操作步骤 2	打荷岗位操作步骤 3
说明	猪肉蘸干水分，切顶刀厚片（1.2 厘米），再用刀膛平拍 0.5 厘米厚的大片。两面剞交叉十字刀，各深 1/5，平铺于大方盘中，撒入精盐、味精、料酒、胡椒粉腌制	猪肉蘸匀一层面粉	猪肉蘸匀鸡蛋液

	打荷岗位操作步骤 4	打荷岗位操作步骤 5
说明	猪肉蘸匀面包渣并用手按实	将加工好的猪排半成品放入洁净的盘子中备用

菜肴组配技术要点

（1）切片时的薄厚要均匀，以保证菜肴成熟一致。

（2）拍粉过厚口感发黏，拍粉过薄水分在炸制时丧失过多口感发硬。

（3）为蘸面包糠做准备，如果不匀，面包糠蘸不上，炸后的菜肴不美观。

（4）用手按实的作用是防止炸时脱落。

（5）盘子里一定无水分，否则面包渣遇水炸不酥，影响口感。

"拍粉拖蛋滚渣糊"（1份）配比见表3-3-4。

表3-3-4 "拍粉拖蛋滚渣糊"（1份）配比

调味品名	数量/克	质量标准
鸡蛋	75	白糊要调拌均匀，无颗粒，成品饱满，色泽金黄，口感外酥里嫩
面粉	60	
面包渣	100	
色拉油	500（实耗30）	

3. 烹制菜肴

烹制菜肴见表3-3-5。

表3-3-5 烹制菜肴

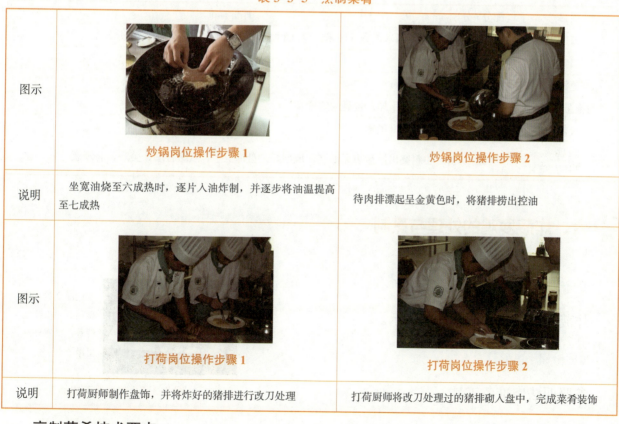

	炒锅岗位操作步骤1	炒锅岗位操作步骤2
图示		
说明	坐宽油烧至六成热时，逐片入油炸制，并逐步将油温提高至七成热	待肉排漂起呈金黄色时，将猪排捞出控油
图示	打荷岗位操作步骤1	打荷岗位操作步骤2
说明	打荷厨师制作盘饰，并将炸好的猪排进行改刀处理	打荷厨师将改刀处理过的猪排砌入盘中，完成菜肴装饰

烹制菜肴技术要点

（1）油温一定烧至六成热时下锅，否则肉片会吃油，口感发腻。

（2）炸时不要反复敲打肉排，以防止脱糊，要用筷子将肉排翻面，确保色泽一致。

（3）切块大小要一致。
（4）用码放法装盘，确保菜肴美观。

4．成品装盘与整理装饰

保证卫生洁净，达到食用标准。

（三）打荷与炒锅收档

打荷与炒锅配合协作完成收档工作。

（1）依据小组分工对剩余的主料、配料、调料进行妥善保存，容易变质的原料封保鲜膜放入冰箱保存，温度为0～4摄氏度；清理卫生，整理工作区域。

（2）依据小组分工对工作区域的设备、工具进行清洗，所有物品经整理后放回原处并码放整齐。

（3）厨余垃圾分类后送到指定垃圾站点。

（四）工作任务评价

西法肉的处理与烹制工作任务评价见表3-3-6。

表3-3-6 西法肉的处理与烹制工作任务评价

项目	配分/分	评价标准
刀工	15	长10厘米，宽6厘米，厚0.8厘米的长圆片；薄厚均匀；每份3片
口味	25	咸香
色泽	10	色泽金黄
拍粉拖蛋滚渣糊	20	面包渣不掉，包裹均匀紧实
火候	20	质地外酥里嫩
装盘（一尺长方盘）	10	主料突出，盘边无油迹，成型好；盘饰卫生、点缀合理、美观、有新意

六、炸菠萝鸡的处理与烹制

（一）成品质量标准

炸菠萝鸡成品如图3-3-2所示。

色泽金黄，造型逼真，口味咸鲜香，口感外酥里嫩。

图3-3-2 炸菠萝鸡成品

（二）准备工具

参照西法肉准备工具。

（三）制作过程

1．原料准备

按照岗位分工准备菜肴炸菠萝鸡所需原料（参照西法肉），见表3-3-7和表3-3-8。

表 3-3-7　准备热菜所需主料、配料

菜肴名称	数量/份	准备主料		准备配料		准备料头		盛器规格
		名称	数量/克	名称	数量/克	名称	数量/克	
炸菠萝鸡	1	鸡茸	250	馒头粒	150	葱末	20	一尺长方盘
				马蹄末	30	姜末	5	
				肥肉	30			
				鸡蛋清	75			
				青蒜叶	100			

表 3-3-8　准备热菜调味（单一味）——咸香味（1 份）

调味品名	数量/克	风味要求
精盐	1	色泽金黄，口味咸鲜香。口感外酥里嫩，食用时可用椒盐、沙拉酱蘸食
料酒	3	
鸡精	1	
胡椒粉	1	
生粉	15	
香油	1	
色拉油	500（实耗 30）	

2．菜肴组配过程

打荷岗位完成配菜组合操作步骤。

（1）制肉馅：鸡胸肉去筋膜后切成条状，再用绞肉机搅成馅。将葱、姜切成末。

（2）制馅：在鸡肉馅中加入精盐、料酒、鸡精、鸡蛋、香油、胡椒粉、水淀粉，顺一个方向搅拌均匀。

（3）将鸡肉馅挤成直径 3 厘米的肉球。

（4）将肉球裹上馒头丁，搓成菠萝状。

菜肴组配技术要点

（1）搅馅时可适当加一些清水，使肉馅保持鲜嫩。

（2）葱、姜末不要太大；否则，影响菜肴的美观。

（3）肉馅顺一个方向搅拌可使肉馅容易上劲易成型。

（4）肉球大小要一致，确保菜肴美观。

（5）馒头丁在肉球上要裹均匀。

"滚渣糊"（1 份）配比见表 3-3-9。

表 3-3-9　"滚渣糊"（1 份）配比

调味品名	数量/克	质量标准
馒头丁	100	成品饱满，色泽金黄，口感外酥里嫩

3．烹制菜肴

（1）炒锅岗位完成操作步骤。

①炸制：将菠萝状的鸡球整齐地码放在漏勺中。
②将油烧至五成热，把鸡球放入油中炸至金黄色捞出。

炸制技术要点
①鸡球整齐地码放在漏勺中的作用是炸时保护馒头丁，使其不易脱落。
②炸时动作要轻，防止馒头丁脱落。

（2）打荷岗位完成操作步骤。
在炸制好的鸡球顶端钻一个小孔；在小孔中插入青蒜苗，制成菠萝状鸡球。

打荷技术要点
①小孔的大小要一致，可插入青蒜苗即可。
②插青蒜苗时动作要轻，防止馒头丁脱落。

（3）炒锅与打荷岗位协作完成成品装盘与整理装饰操作步骤。
参照主任务西法肉的处理与烹制。
①整理时动作要轻，防止馒头丁脱落。
②用码放法装盘。

4．打荷与炒锅收档
参照主任务西法肉的处理与烹制，打荷与炒锅配合协作完成收档工作。

（四）工作任务评价

炸菠萝鸡的处理与烹制工作任务评价见表3-3-10。

表3-3-10　炸菠萝鸡的处理与烹制工作任务评价

项目	配分/分	评价标准
菠萝鸡成型规格	15	长5厘米、直径2.5厘米的椭圆形鸡肉丸；菠萝形象逼真；0.5厘米见方的馒头丁；每份制作10个鸡肉丸
口味	25	咸香
色泽	10	色泽金黄
滚渣糊	20	包裹得均匀紧实，馒头丁不掉
火候	20	口感外酥里嫩
装盘（一尺长方盘）	10	主料突出，盘边无油迹，成型好；盘饰卫生、点缀合理、美观、有新意

七、专业知识拓展

（一）烹调技法知识——"碎屑料品炸"

1．概念要求及范围

（1）碎屑料品炸是原料经腌制入味，蘸挂面包渣等碎屑，入锅炸制的一种烹调方法。

（2）要求：选新鲜无异味的料，多加工成片、条、块、球等形状，也可制成茸泥，加工成丸或饼状。原料需先腌，再裹糊。炸制时应根据不同原料灵活掌握火候。

（3）适用范围：牛肉、猪肉、鸡肉、鲜贝、鱼肉、大虾等。

2．技术关键

（1）着衣要均匀结实。

（2）码味清淡、腌制均匀。

（3）面包应选用无味或咸的、酸的。不可使用加糖面包。

（4）刀工均匀一致，排肉力量均匀。

（5）肉片应蘸去多余水分，以免炸时脱糊。

（二）原料营养知识——胡椒

（1）胡椒是原产于印度的一种藤本植物，它的种子是人们喜爱的调味品。印度尼西亚、印度、马来西亚、斯里兰卡以及巴西等是胡椒的主要出口国，唐时传入中国。

（2）胡椒营养分析与食用功效。

胡椒的主要成分是胡椒碱，但也含有一定量的芳香油、粗蛋白、粗脂肪及可溶性氮，能去腥、解油腻、助消化。

八、烹饪文化

面包的来历

约公元前3000年，古埃及人最先掌握了制作发酵面包的技术。最初的发酵方法可能是偶然发现的：和好的面团在温暖处放久了，受到空气中酵母菌的入侵后发酵、膨胀、变酸，再经烤制便得到了远比"烤饼"更松软的一种新面食，这便是世界上最早的面包。古埃及的面包师最初用酸面团发酵，后来改进为使用经过培养的酵母。

现今发现的世界上最早的面包坊诞生于公元前2500多年前的古埃及。大约在公元前13世纪，摩西带领希伯来人大迁徙，将面包制作技术带出了埃及。至今，在犹太人过"逾越节"时，仍制作一种被当地人叫作"马佐"（Matzo）的膨胀饼状面包，以纪念犹太人从埃及出走。公元2世纪末，罗马的面包师行会统一了制作面包的技术和酵母菌种。他们经过实践比较，选用酿酒的酵母液作为标准酵母。

在古代漫长的岁月里，白面包是上层权贵们的奢侈品，普通百姓只能以裸麦制作的黑面包为食。直到19世纪，面粉加工机械得到很大程度的发展，小麦品种也得到了改良，面包才变得软滑洁白。

九、任务检测

（一）知识检测

（1）炸菠萝鸡菜肴的着衣处理工艺方法是_____、_____、_____。

（2）制作炸菠萝鸡菜肴使用的＿＿＿＿中水分不可过＿＿＿＿过＿＿＿＿。

（3）制作炸菠萝鸡菜肴时油温应控制在＿＿＿＿热。

（二）拓展练习

课余时间练习制作面包鱼排，并试用其他原料制作各种菜肴，如图 3-3-3 所示。

图 3-3-3　各种菜肴
（a）鳕鱼排；（b）凤尾虾；（c）劲脆鸡米花；（d）炸鸡排

任务四　脆炸、包卷炸——炸五丝筒的处理与烹制

一、任务描述

炒锅与打荷厨师相互配合，运用"包卷炸"技法完成山东名菜"炸五丝筒"的制作。

二、学习目标

（1）了解泡打粉、吉士粉等原料调味料知识及使用常识。
（2）会鉴别与运用"中火"。
（3）能够调制脆皮糊。
（4）能够运用"包卷炸"技法和"砌入式"的装盘手法完成炸五丝筒的制作。
（5）提高对烹饪职业和烹饪文化的认同感，培养中餐烹饪的职业意识，培养良好的职业习惯，强化安全意识和卫生意识。

三、成品质量标准

炸五丝筒成品如图 3-4-1 所示。

色泽金黄，口味咸香，口感外香酥、里滑嫩。

图 3-4-1　炸五丝筒成品

四、知识技能准备

"包卷炸"就是将加工成型的原料调味，再用其他原料卷裹或包裹起来，挂糊或不挂糊，投入多量油内加热成熟的一种烹调方法。其原料分为包卷原料和被包卷原料两部分。

（一）烹调技法知识——软炸

1. 定义

软炸是原料经过腌制调味挂软炸糊炸制的烹调方法。
（1）油传热的特点：比热大，温阈宽，干燥，保原，增香，导热迅速均匀，可增加菜肴的色泽及营养，但易产生有害物质。
（2）出菜：又称出勺或装盘，就是将烹调成熟的菜肴，整齐有序、美观地装入盛器中的操作过程，是勺法综合运用的结果。
主要的出菜方法有：盛、倒、捞、摆、拖、倒与扣相结合及其他出菜方法。

2．一般要求

（1）注意锻炼身体，增强体力和耐力，特别要注意加强臂力训练。
（2）操作姿势要正确且自然，只有如此，才能提高工作效率。
（3）熟悉各种设备及工具的正确使用方法与保养方法，并能灵活运用。
（4）操作时必须思想集中、动作敏捷、灵活，注意安全。
（5）取放调味品干净利落，并随时保持台面及用具整洁，注意个人卫生和食品卫生。

3．烹调方法及成品特点

（1）属于油烹方式的烹调方法主要有炸、氽、浸、爆、烹、拔丝、挂霜、煎等。
（2）除了正式烹调方法外，还可用于原料的预熟处理，主要是滑油和过油等。
（3）由于油的温度阈宽，使用不同阶段的温度，成品特点也不完全一致。

（二）制作菜肴

1．制作菜肴注意事项

（1）根据加工原料及制品要求选择油脂品种。
（2）根据加工原料及制品要求选择油的温度。
（3）用油量与加工原料的数量要恰当。
（4）适当控制火力和加热时间。

2．操作要求及特点

（1）主料需要提前入味。
（2）软炸糊调制后不能出现颗粒。
（3）油温控制准确。
（4）原料新鲜无异味。
（5）多加工成片条状。
（6）腌制应入味。
（7）通常分两次炸。

3．工艺提示

（1）制馅过稀不利于卷制。
（2）摊蛋皮时，锅底的油不可过多或过少，多则粘不住，少则粘锅。
（3）炸五丝筒时用刀托起，逐个下锅。

五、工作过程

开档→组配原料→馅心组配→制作蛋皮→卷筒挂糊→上锅炸制成品→成品菜肴整形→装盘装饰→收档。

（一）准备工具

按照本单元要求进行打荷与炒锅开档工作；按照工作任务需求准备常规工具。

1. 炒锅岗位准备工具

带手布、洗涤灵、铁锅、量杯、手勺、漏勺、油篦子、油隔、筷子、保鲜膜、保鲜盒、生料盆、品尝勺。

2. 打荷岗位准备工具

不锈钢刀具、砧板、一尺长方盘、消毒毛巾、筷子、餐巾纸、食品雕刻刀、剪刀、料盆、餐具、盆、马斗、带手布、调料罐、保鲜盒、保鲜膜。

（二）制作过程

1. 原料准备

打荷岗位与炒锅岗位配合领取并备齐炸五丝筒所需主料、配料和调料，见表 3-4-1 和表 3-4-2。

表 3-4-1　准备热菜所需主料、配料

菜肴名称	数量/份	准备主料		准备配料		准备料头		盛器规格
		名称	数量/克	名称	数量	名称	数量/克	
炸五丝筒	1	鸡丝	80	鸡蛋	2个	葱丝	20	一尺长方盘
				蟹柳	30克	姜丝	5	
				水发香菇	20克			
				面粉	500克			
				生粉	40克			
				泡打粉	45克			
				吉士粉	25克			
				黄油	80克			
				椰浆	150克			

表 3-4-2　准备热菜调味（单一味）——咸香味（1份）

调味品名	数量/克	风味要求
精盐	1	色泽金黄，口味咸香，口感外香酥、里滑嫩
料酒	3	
鸡精	2	
胡椒粉	1	
香油	3	
色拉油	500（实耗30）	

2. 菜肴组配过程

菜肴组配过程见表 3-4-3 和表 3-4-4。

表 3-4-3 菜肴组配过程（一）

图示	说明
 打荷岗位完成配菜组合	调制五丝馅——切制完成的鸡丝 80 克和西芹丝 30 克，用沸水氽熟后，与蟹柳丝 30 克、水发香菇丝 20 克、方火腿丝 20 克一起放入调馅盆中，加入葱丝、姜丝、精盐、鸡精、胡椒粉、料酒、香油拌匀。 调制完成蛋液——鸡蛋中加入精盐、水淀粉，搅拌均匀。

调制五丝馅技术要点

五种丝的粗细要均匀。

表 3-4-4 菜肴组配过程（二）

图示	炒锅岗位完成吊制蛋皮	打荷岗位完成卷筒
说明	炒勺烧热，淋入一层色拉油，迅速往锅中盛入半手勺搅拌好的蛋液，在小火上顺时针或逆时针，由内向外用锅使蛋液转动摊开，制成直径 15 厘米鸡蛋皮。待蛋液在勺底由半透明变成不透明时，即可用两手将蛋皮揭下，放入平盘中备用	用双手取出蛋皮，将五丝馅卷入鸡蛋皮中，用稀面粉糊封口。卷成粗细均匀一致，长 8 厘米，直径 2.5 厘米的长筒形；每份制作 5 个

吊制蛋皮、卷筒技术要点

（1）吊制蛋皮时，锅要热，油要少（以薄薄一层、不汪油为准），倒入蛋液时，锅不要烧冒烟，否则，蛋液极易粘锅、糊锅，而揭不下来。

（2）蛋皮要薄厚均匀，圆而不破损。

（3）蛋皮吊好后，迅速封保鲜膜，因其极易风干变脆，影响卷制。

（4）卷筒时筒内五丝馅用量要相等，确保每筒粗细均匀。

3．烹制菜肴

烹制菜肴见表 3-4-5。

表 3-4-5 烹制菜肴

图示	 打荷岗位完成	 炒锅岗位完成	 打荷岗位完成
说明	调脆皮糊：面粉 500 克、生粉 75 克、泡打粉 45 克、吉士粉 45 克、精盐 10 克、色拉油 125 克、清水适量	上锅炸制：坐宽油至六成热时，将五丝筒裹酥炸糊逐条入油炸制，使油逐渐升温，待五丝筒漂起呈金黄酥脆时，捞出控油	将炸好的五丝筒斩成菱形，装入出菜盘。

烹制菜肴技术要点

（1）确保糊中无颗粒。

（2）炸五丝筒时要不停翻转，以确保表面颜色一致。

（3）大小要一致，保证菜肴美观。

4．成品装盘与整理装饰

切制不散碎，形态完整美观。保证卫生洁净，达到食用标准。

（三）打荷与炒锅收档

打荷与炒锅配合协作完成收档工作。

（1）依据小组分工对剩余的主料、配料、调料进行妥善保存，容易变质的原料封保鲜膜放入冰箱保存，温度为 0～4 摄氏度；清理卫生，整理工作区域。

（2）依据小组分工对工作区域的设备、工具进行清洗，所有物品经整理后放回原处并码放整齐。

（3）厨余垃圾分类后送到指定垃圾站点。

（四）工作任务评价

炸五丝筒的处理与烹制工作任务评价见表 3-4-6。

表 3-4-6　炸五丝筒的处理与烹制工作任务评价

项目	配分/分	评价标准
成型规格	15	粗细均匀一致，长 8 厘米直径 2.5 厘米的长筒形；每份制作 5 个
口味	25	咸鲜
色泽	10	色泽金黄
脆皮糊	20	稀稠适中，裹匀五丝筒，不脱糊
火候	20	口感表皮酥脆，里面鲜嫩
装盘（一尺长方盘）	10	主料突出，盘边无油迹，成型好；盘饰卫生、点缀合理、美观、有新意

六、炸佛手卷的处理与烹制

（一）成品质量标准

炸佛手卷成品如图 3-4-2 所示。

色泽金黄，造型似手掌，口味咸香，口感外香酥、里滑嫩，食用时可蘸椒盐。

图 3-4-2　炸佛手卷成品

（二）准备工具

参照五丝筒准备工具。

（三）制作过程

1．原料准备

按照岗位分工准备菜肴炸佛手卷所需原料（参照五丝筒），见表 3-4-7 和表 3-4-8。

表 3-4-7　准备热菜所需主料、配料

菜肴名称	数量/份	准备主料		准备配料		准备料头		盛器规格
		名称	数量/克	名称	数量/克	名称	数量/克	
炸佛手	1	猪肉馅	200	马蹄末	50	葱末	10	一尺长方盘
				鸡蛋	150	姜末	3	
				面粉	20			

表 3-4-8　准备热菜调味（单一味）——咸香味（1份）

调味品名	数量/克	风味要求
精盐	1	色泽金黄，造型似手掌，口味咸香，口感外香酥、里滑嫩，食用时可撒上椒盐
料酒	3	
鸡精	2	
玉米淀粉	15	
胡椒粉	1	
香油	3	
色拉油	500（实耗 30）	

2．菜肴组配过程

打荷岗位完成配菜组合操作步骤。

（1）调馅：加料酒、精盐、鸡精、胡椒粉、马蹄末、香油、鸡蛋、葱末、姜末、水淀粉。

调馅技术要点

调料拌入肉馅内至均匀上劲。

（2）吊蛋皮：参见炸五丝筒。

（3）卷制成型。

卷制成型见表 3-4-9。

表 3-4-9　卷制成型

图示		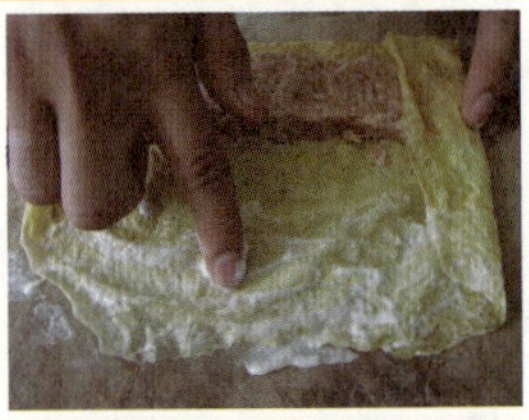	
说明	取半张蛋皮圆边朝前，铺上肉馅抹平两边收口，抹平后向外卷成卷	用面糊封口	卷成宽1寸、厚0.8厘米的蛋卷
图示		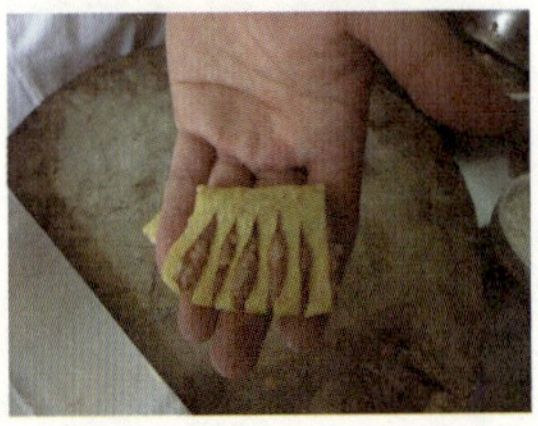	
说明	将蛋卷平铺在砧板上剞五刀断开	成佛手状	将佛手捡入盘中，准备炸制

卷制成型技术要点

①肉馅铺在蛋皮上，要宽窄、薄厚均匀。
②成卷时一定要紧实，以防空气进入炸时易爆。
③封口紧实，以防空气进入炸时易爆。
④蛋皮与肉馅一定要粘贴紧实，以防炸时蛋皮与肉馅分离。
⑤刀距要相等。
⑥确保盘内无水分。

3．烹制菜肴

炒锅岗位完成操作步骤。

（1）坐宽油至六成热时，逐个入油炸制。使油逐渐升温，待肉排漂起呈金黄色。
（2）捞出后控油。

烹制菜肴技术要点

（1）油温确保六成热时下锅。
（2）油要控净，否则食用时口感发腻。

4．成品装盘与整理装饰

参照主任务炸五丝筒的处理与烹制。

5．打荷与炒锅收档

参照主任务炸五丝筒的处理与烹制，打荷与炒锅配合协作完成收档工作。

（四）工作任务评价

炸佛手卷的处理与烹制工作任务评价见表3-4-10。

表3-4-10　炸佛手卷的处理与烹制工作任务评价

项目	配分/分	评价标准
馅料卷入蛋皮后成型规格	15	长20厘米、宽5厘米、厚0.8厘米的扁长筒形；改刀成4厘米宽，大小均匀一致的佛手形；每份制作2卷，不少于12个佛手；包卷紧实，炸时不松散
成型规格	25	长5厘米、宽4厘米、厚0.8厘米的手掌型；佛手手指刀距5毫米；每份制作10～12个
口味	10	咸香
色泽	20	色泽金黄
火候	20	口感外酥里嫩
装盘（一尺长方盘）	10	主料突出，盘边无油迹，成型好；盘饰卫生、点缀合理、美观、有新意

七、专业知识拓展

（一）烹调技法知识——"包卷炸"

（1）包卷炸是原料用鸡蛋皮、面粉皮、江米纸、威化纸、玻璃纸、锡纸等包裹后直接或挂糊后，入锅炸制的一种烹调方法。

(2) 包卷炸的要求。

选料新鲜无异味，可制成茸泥后加工成细小的片、丝、丁状。

原料包裹结实，不松不散。

炸制时根据不同原料灵活掌握火候。

(3) 适用范围：牛肉、猪肉、鸡肉、鲜贝、鱼肉、大虾、鸭、蔬菜、鸡蛋等。

(二) 怎样盛菜装盘

盛菜装盘讲究菜的颜色搭配、餐具使用和摆放样式等，可以提升菜的品位和档次。其规律如下：

(1) 通常炒、爆菜盛盘时，用铲勺将形大的或主料拉入盘里，细小的料放在盘底，形大的或主料在上层，突出了主料。

(2) 质嫩易碎的勾芡菜，如溜菜成盘时，要先从盘的一端倒起，就势向另一端移动，锅移到另一端时，菜肴正好全部倒进去。制作时要速度快，准确。

(3) 对于汁稠、黏性大的菜，如酱爆肉丁，要先盛一部分入盘，再把锅里其余的盛入勺中，盖在盘中的已有的一部分上，并用劲向下按按，这样盛入盘中的菜形很饱满。

(4) 块大的如整鸡、整鱼，为了盛入盘中还保持整体形状，盛的时候，将锅端在盘子上面，向前倾斜，一面用勺拖住整鱼或整鸡的前部，一面抬高锅的倾斜度向下倒，这样把整鸡或整鱼完整地盛到盘内。

总之，无论哪一种盛入方法，都要注意美观，突出主料，使盛好的每盘菜都有丰满感。另外，还要保持盘边干净，菜上桌前，用餐巾纸把盘边擦干净。

(三) 原料营养知识——火腿

火腿是腌制或熏制的猪腿，又名"火肉""兰熏"。

1．火腿的营养

火腿色泽鲜艳，红白分明，瘦肉香咸带甜，肥肉香而不腻，美味可口；火腿中含丰富的蛋白质和脂肪，多种维生素和矿物质；火腿制作经冬历夏，经过发酵分解后，各种营养成分更易被人体所吸收，具有养胃生津、益肾壮阳、固骨髓、健足力、愈创口等作用。

2．金华火腿的食疗作用

火腿性温，味甘、咸，具有健脾开胃、生津益血、滋肾填精之功效；可用以治疗虚劳怔忡、脾虚少食、久泻久痢、腰腿酸软等症；江南一带常以之煨汤作为产妇或病后开胃的食品；因火腿有加速创口愈合的功能，现已用为外科手术后的辅助食品。

3．食用火腿注意事项

有较严重的哈喇味和变色严重的火腿不能食用；由于火腿含盐量高，属高钠食品，高血压患者不宜食用；火腿应保存在阴凉干燥之处，避免日光直射。

（四）相关烹饪知识——炸佛手卷

此菜形如佛手，咸鲜而香、色泽金黄、外脆里嫩，风味隽永。

炸佛手卷是北京名菜，最早为清朝宫廷菜。佛手柑色鲜美，香气浓郁，一直深受人们的喜爱，清宫御膳厨师便仿照佛手柑的形象，制作出了佛手卷这道名菜。不久便流传于民间，成为北京名菜。现在，北京仿膳饭庄和一些名菜馆都有此菜。

（五）常用的调味方法

1．腌渍调味法

将调味品与菜肴的主料或辅料融合或将菜肴的主、辅料浸泡在溶有调味品的溶液中，经过一定时间使其入味的调味方法称为腌渍调味法。

2．分散调味法

将调味品溶解后分散于汤汁状等原料，使之入味的一种调味方法。此方法多用于汤菜和操作速度特别快的菜肴。

3．热渗调味法

在热力的作用下，使调味料中的呈味物质渗透到原料内部的调味方法，称为热渗调味法。烹中调味的阶段基本都属于此法，一般规律是加热时间越长，原料入味越充分。

4．裹浇调味法

将调味品调制成液体状态，黏附于原料表面，使其带味的方法称为裹浇调味法。如用勾芡、拔丝、挂霜、软溜等方法制作菜肴。

5．跟碟调味法

将调味料盛装入小碟或小碗等盛器内，随菜肴一同上席，由食用者蘸而食之的方法称为跟碟调味法，如用烤、煮、涮、炸、蒸等方法制作的菜肴，一般都采用此法。

八、任务检测

（一）知识检测

（1）制作炸佛手时，蛋皮的厚度应在_____毫米内。

（2）制作炸佛手时，油温应控制在_____成热的范围之内，不可过高，也不可过低。

（3）制作炸佛手时，每个佛手的大小要_____，薄厚要_____。

（二）拓展练习

课后试用其他原料制作如图3-4-3所示的包卷炸菜肴。

图 3-4-3 包卷炸菜肴
（a）黄金翡翠珊瑚卷；（b）炸响铃；（c）炸春卷

单元四 溜制类菜肴的处理与烹制

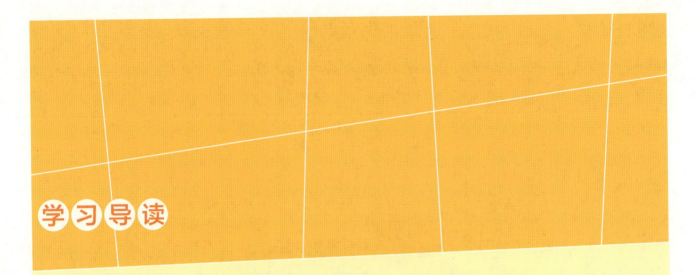

学习导读

【学习内容】

本单元主要以典型菜肴为载体,学习在岗位环境中运用"溜"的技法完成工作任务的相关知识、技能和经验。溜法是将加工、切配的原料用调料腌制入味,经油、水或蒸汽加热成熟后,再将调制的卤汁浇淋于烹饪原料上或将烹饪原料投入卤汁中翻拌成菜的一种烹调方法。溜可分为焦溜、软溜、醋溜、滑溜、糖溜、糟溜。

【任务简介】

本单元由两组溜制类菜肴处理与制作任务组成,每组任务由炒锅与打荷两个岗位在企业厨房工作环境中配合共同完成。

芙蓉鸡片的处理与烹制是以训练"滑溜"技法为主的实训任务。滑溜是主料经改刀处理、腌制、上浆,用温油划散至熟处理后,再用调味的芡汁溜制成菜的一种烹调方法。滑溜菜肴具有滑嫩鲜香的特点。本任务的自主训练内容为滑溜肉片的处理与烹制。

抓炒里脊的处理与烹制是以训练"焦溜"技法为主的实训任务,焦溜是先将主料经过刀工处理后,调料腌制入底味,通过拍粉、挂糊过油炸制成酥脆程度,再投入兑好的芡汁,翻拌均匀或芡汁浇淋在原料上溜制成菜的一种烹调方法。本任务的自主训练内容为菠萝咕噜肉的处理与烹制。

【学习要求】

本单元要求要在与企业厨房生产环境一致的实训环境中完成。学生通过实际训练基本掌握打荷和炒锅工作流程;能够按照打荷岗位要求完成开档和收档工作。能够按照炒锅岗位要求运用滑溜、焦溜等技法和勺工、火候、调味、勾芡、装盘技术完成典型菜肴的制作并在工作中培养合作意识、安全意识和卫生意识。

【相关知识】

打荷与炒锅岗位工作流程。

1. 进行炒锅与打荷岗位开餐前的准备工作

(1) 打荷岗位所需工具准备齐全。

(2) 炒锅岗位所需工具准备齐全。

2. 打荷与炒锅工作任务

(1) 按照工作任务进行——溜制类菜肴：芙蓉鸡片的处理与烹制。

(2) 按照工作任务进行——溜制类菜肴：抓炒里脊的处理与烹制。

(3) 原料准备与组配——打荷岗位与炒锅岗位配合领取并备齐制作菜肴所需主料、配料和调料。

3. 进行炒锅、打荷岗位开餐后的收尾工作

(1) 依据小组分工对剩余的主料、配料、调料进行妥善保存；清理卫生，整理工作区域。

(2) 依据小组分工对工作区域的设备、工具进行清洗，所有物品经整理后放回原处并码放整齐。

(3) 厨余垃圾分类后送到指定垃圾站点。

任务一　滑溜——芙蓉鸡片的处理与烹制

一、任务描述

炒锅与打荷厨师相互配合，运用"滑溜"技法完成山东名菜"芙蓉鸡片"的烹制。

二、学习目标

（1）了解生粉等调味料知识及使用常识。
（2）初步掌握"慢火"和低温油的鉴别与运用。
（3）能独立调制蛋泡糊。
（4）能够运用"溜芡"技法对菜肴勾芡。
（5）能够使用勺工技术"晃勺""助翻勺"和滑油技术，运用"滑溜"技法和"拖入式"的装盘手法完成芙蓉鸡片的制作。
（6）能够熟练进行打荷与炒锅岗位的沟通。

三、成品质量标准

芙蓉鸡片成品如图 4-1-1 所示。

色泽洁白、芡汁滋润、鸡片舒展、口味咸鲜香、口感滑嫩鲜软细腻。

图 4-1-1　芙蓉鸡片成品

（1）芙蓉鸡片，并非是真的芙蓉花与鸡肉加在一起烹制而成的菜肴，芙蓉以白色居多，厨师借花的清洁色白和高雅素淡的品格来比喻菜品之美。在选料上芙蓉类菜品通常选择无骨无皮、质地细嫩的动物性原料，在刀工处理方面则采用双刀砸剁或打碎机搅拌的方法。其烹调方法有溜、烩、炒、蒸等。

（2）此菜肴白绿相辉，雅似芙蓉出水，清香四溢，品上一口，柔软细嫩，清鲜异常，是一道著名鲁菜。

四、知识技能准备

（一）烹调技法知识——滑溜

定义

滑溜也称为溜，是指将加工成型的主要原料上浆滑油，再投入调好口味的汤汁中，勾溜芡翻拌均匀，淋浮油成菜的方法。

（二）操作要求及特点

（1）先将主要原料上浆，放入温油内滑熟。
（2）通常选用鲜嫩无骨的原料加工成较小的形状。
（3）滑溜的菜品通常为白色。
（4）成品原料质地滑嫩，芡汁比炸溜略稀薄而稍多，色泽明亮。

（三）制品实例

溜鱼片、溜虾仁、溜鸡脯、溜肝尖、滑溜里脊。

五、工作过程

开档→组配原料→制作鸡茸→制作鸡片→溜制鸡片→成品装盘→成品菜肴装盘装饰→收档。

（一）准备工具

按照本单元要求进行打荷与炒锅开档工作；按照工作任务需求准备常规工具。

1. 炒锅岗位准备工具

带手布、洗涤灵、铁锅、量杯、手勺、漏勺、油盐子、油隔、筷子、保鲜膜、保鲜盒、生料盆、品尝勺。

2. 打荷岗位准备工具

不锈钢刀具、砧板、一尺长方盘、消毒毛巾、筷子、餐巾纸、食品雕刻刀、剪刀、料盆、餐具、盆、马斗、带手布、调料罐、保鲜盒、保鲜膜。

（二）制作过程

1. 原料准备

打荷岗位与炒锅岗位配合领取并备齐芙蓉鸡片所需主料、配料和调料，见表4-1-1和表4-1-2。

表4-1-1 准备热菜所需主料、配料

菜肴名称	数量/份	准备主料		准备配料		准备料头		盛器规格
		名称	数量/克	名称	数量/克	名称	数量/克	
芙蓉鸡片	1	鸡胸肉	200	鸡蛋清	200	葱	15	一尺鱼盘
				方火腿	15	姜	5	

表 4-1-2　准备热菜调味（单一味）——咸鲜味（1 份）

调味品名	数量 / 克	风味要求
精盐	1	
料酒	3	
鸡精	2	色泽洁白，芡汁滋润，鸡片舒展，口味咸鲜香，口感滑嫩鲜软细腻
胡椒粉	1	
湿淀粉	30	
毛汤	150	
色拉油	500（实耗 30）	

2．菜肴组配过程

菜肴组配过程见表 4-1-3。

表 4-1-3　菜肴组配过程

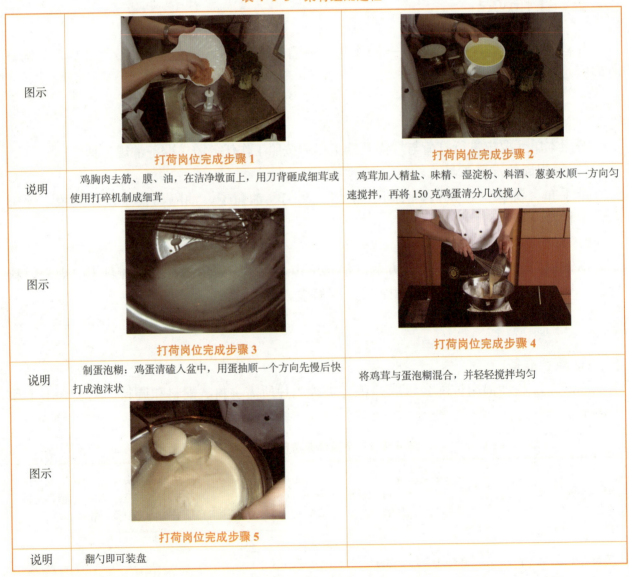

图示	打荷岗位完成步骤 1	打荷岗位完成步骤 2
说明	鸡胸肉去筋、膜、油，在洁净墩面上，用刀背砸成细茸或使用打碎机制成细茸	鸡茸加入精盐、味精、湿淀粉、料酒、葱姜水顺一方向匀速搅拌，再将 150 克鸡蛋清分几次搅入
图示	打荷岗位完成步骤 3	打荷岗位完成步骤 4
说明	制蛋泡糊：鸡蛋清磕入盆中，用蛋抽顺一个方向先慢后快打成泡沫状	将鸡茸与蛋泡糊混合，并轻轻搅拌均匀
图示	打荷岗位完成步骤 5	
说明	翻勺即可装盘	

菜肴组配技术要点

（1）制成细茸要细腻滑润；毛汤与鸡蛋清要分数次加入，如果一次加得太多，就会出现颗粒，而且也不易融合为一体。

（2）用手或打碎机顺一个方向搅拌上劲。

（3）蛋泡糊以筷子垂直插入不倒为标准。

（4）蛋泡糊容易泄，不可长时间搅拌，可适当加一些淀粉。

蛋泡糊（1份）配比见表4-1-4。

表4-1-4 蛋泡糊（1份）配比

调味品名	数量/克	质量标准
鸡蛋清	50	蛋泡糊色泽雪白，筷子垂直插入不倒
提示：蛋泡糊中加入适量盐、干淀粉调匀，通常用于裹在炸制菜肴表面。本任务中，将鸡蛋清抽成雪花状拌入鸡茸中即可，作用是增白、松软		

3. 烹制菜肴

烹制菜肴见表4-1-5。

表4-1-5 烹制菜肴

图示	炒锅岗位完成步骤1	炒锅岗位完成步骤2
说明	用小勺分多次将鸡茸盛入二成热油中浸养（75～85摄氏度）	待鸡片全部浮在油面上时，用筷子将其逐一翻面，待颜色洁白、质地滑嫩成熟后，捞出控油
图示	炒锅岗位完成步骤3	炒锅岗位完成步骤4
说明	将控过油的鸡片放入60摄氏度清水中浸泡，泡去多余油待用	将吊制好的鸡片、火腿片、豆苗组配好，传递给炒锅厨师
图示	炒锅岗位完成步骤5	炒锅岗位完成步骤6
说明	刷净炒勺上火，待火热时，盛入鸡片，放入精盐、味精、鸡汤、胡椒粉调味	汤开后，下入鸡片、火腿大火烧开后，改小火；入味勾芡，撒入豆苗，改中火；沿锅边淋少许明油，大翻勺即可装盘

烹制菜肴技术要点

（1）吊制鸡片时油的温度不能过高，如果过高就会出现蜂窝。

（2）尽量将油控净，如有余油，则可能口感发腻。

（3）制作鸡片时应保持大小、薄厚一致。

（4）勾芡时不要太稠，要使其汁成为透明的二流芡。芡汁 1/2 或 1/3 粘裹在原料上，1/2 或 2/3 流淌在菜肴周围。淀粉与水或汤汁之比一般为 1：10。

（5）烹制此菜通常使用鸡汤溜制。

小贴士：行业用语——养

将细嫩原料用低油温或低水温长时间浸熟的方法，通常其温度不会高于 100 摄氏度。

4．成品装盘与整理装饰

成品装盘与整理装饰见表 4-1-6。

表 4-1-6 成品装盘与整理装饰

图示	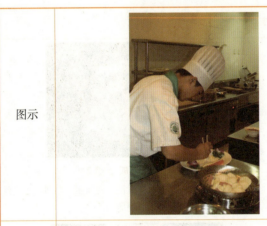 
说明	炒锅与打荷岗位共同完成 炒锅厨师可直接将菜肴溜于盘中，打荷厨师用筷子略做调整，将火腿片整齐地摆在鸡片表面。也可将菜肴整齐排列成瓦片状

成品装盘与整理装饰技术要点

（1）成品装盘要卫生洁净。

（2）菜肴整理效果要求美观大方、卫生洁净。

（3）装盘整理要迅速；否则，若温度降低会影响出品质量。

（三）打荷与炒锅收档

打荷与炒锅配合协作完成收档工作。

（1）依据小组分工对剩余的主料、配料、调料进行妥善保存，容易变质的原料封保鲜膜放入冰箱保存，温度为 0～4 摄氏度；清理卫生，整理工作区域。

（2）依据小组分工对工作区域的设备、工具进行清洗，所有物品经整理后放回原处并码放整齐。

（3）厨余垃圾分类后送到指定垃圾站点。

（四）工作任务评价

芙蓉鸡片的处理与烹制工作任务评价见表 4-1-7。

表 4-1-7　芙蓉鸡片的处理与烹制工作任务评价

项目	配分 / 分	评价标准
鸡片成型规格	15	长 5 厘米、宽 4 厘米、厚 0.3 厘米的圆片，每份约 16 片
口味	25	咸鲜
色泽	10	色泽洁白润泽
蛋泡糊调制	10	泡沫洁白似雪花状，筷子插入能够直立不倒
汁、芡、油量	15	芡汁呈透明的流体状，润泽光亮，略有余汁
火候	15	口感软嫩入味
装盘（一尺鱼盘）	10	主料突出，盘边无油迹，成型好；盘饰卫生、点缀合理、美观、有新意

六、滑溜肉片的处理与烹制

（一）成品质量标准

滑溜肉片成品如图 4-1-2 所示。

色泽洁白、芡汁滋润、肉片舒展、口味咸鲜香、口感滑嫩。

图 4-1-2　滑溜肉片成品

（二）准备工具

参照芙蓉鸡片准备工具。

（三）制作过程

1．原料准备

按照岗位分工准备菜肴滑溜肉片所需原料（参照芙蓉鸡片），见表 4-1-8 和表 4-1-9。

表 4-1-8　准备热菜所需原料

菜肴名称	数量 / 份	准备主料		准备配料		准备料头		盛器规格
		名称	数量 / 克	名称	数量 / 克	名称	数量 / 克	
滑溜肉片	1	猪通脊	200	鸡蛋清	40	葱末	10	一尺鱼盘
				水发木耳	40	姜末	2	
				冬笋	50			
				黄瓜	20			

表 4-1-9　准备热菜调味（单一味）——咸鲜味汁（1 份）

调味品名	数量/克	风味要求
精盐	1	色泽洁白、芡汁滋润、肉片舒展、口味咸鲜香、口感滑嫩
料酒	3	
鸡精	2	
胡椒粉	1	
湿淀粉	30	
毛汤	150	
色拉油	500（实耗 30）	

2. 菜肴组配过程

打荷岗位完成配菜组合操作步骤。

（1）猪通脊去筋，切成长 3.5 厘米、宽 2.5 厘米、厚 0.2 厘米的薄片。

（2）水发木耳洗净切小片，黄瓜、冬笋切片，葱、姜切细末。

（3）肉片码味上蛋清浆。

蛋清浆（1 份）配比见表 4-1-10。

表 4-1-10　蛋清浆（1 份）配比

调味品名	数量/克	质量标准
鸡蛋清	40	行业用语：薄为浆，厚为糊。上浆要薄，如透明的绸子，光亮滋润，充分拌匀，吃浆上劲，不出水
湿玉米粉	25	

菜肴组配技术要点

（1）猪通脊不宜过薄，否则肉片易碎。

（2）肉片码味上浆不宜过厚，否则口感发黏。

3. 烹制菜肴

炒锅岗位完成操作步骤。

（1）兑滑溜芡汁：葱、姜、料酒、精盐、味精、胡椒粉、毛汤、湿淀粉。

（2）炒锅刷净，上火倒入干净油。

（3）肉片入三至四成热油中滑熟。

（4）冬笋、木耳用热油淋熟并控油。

（5）炒勺上火，锅热时烹味汁，大火烧开搅拌，待芡汁炒至透明、较黏稠时，投入主配料翻拌均匀，淋少许明油即可溜入盘中。

烹制菜肴技术要点

（1）淀粉用量要恰当。

（2）将油温烧到三至四成热。

（3）滑油时可适当用竹筷搅拌使肉片成熟一致。

（4）冬笋片、木耳也可用沸水焯烫。

（5）芡汁一定要炒至透明、较黏稠时方可下入主配料，这样菜肴才能达到明汁亮芡的效果。

4. 成品装盘与整理装饰
参照主任务芙蓉鸡片的处理与烹制。

5. 打荷与炒锅收档
参照主任务芙蓉鸡片的处理与烹制打荷与炒锅配合协作完成收档工作。

（四）工作任务评价

滑溜肉片的处理与烹制工作任务评价见表 4-1-11。

表 4-1-11　滑溜肉片的处理与烹制工作任务评价

项目	配分 / 分	评价标准
主料成型规格	15	长 3.5 厘米、宽 2.5 厘米、厚 0.2 厘米的薄片
口味	25	咸鲜
色泽	10	色泽洁白润泽
汁（芡）量	20	芡汁呈透明的流体状，润泽光亮，略有余汁
火候	20	质地软嫩入味
装盘（一尺鱼盘）	10	主料突出，盘边无油迹，成型好；盘饰卫生、点缀合理、美观、有新意

七、专业知识拓展

（一）烹调技法知识——"滑溜"

1. 溜的概念

溜是将原料用调料码味，上浆挂糊，经滑油炸油加热，再将味汁淋于原料上或原料投入芡汁中翻拌的一种烹调方法。溜可分为焦溜、软溜、醋溜、滑溜、糖溜、糟溜。

2. 滑溜的要求

（1）选择新鲜无异味、质地细嫩的动物性原料。多加工成片、条、丝等形状，也可制成茸泥加工成丸或饼状。

（2）原料需先码味，再上浆，注意上浆要均匀。

（3）滑油时根据不同原料灵活掌握火候，一般油温在三四成热。

3. 常用溜菜的种类

（1）滑溜。也称为溜，是指将加工成型的主要原料上浆滑油，再投入调好口味的汤汁中，勾溜芡翻拌均匀，淋浮油成菜的方法。

（2）软溜。将原料加工成型调味后，利用汽蒸或水煮的方法加热成熟，再浇上调好的芡汁成菜的方法。

（3）炸溜。又称焦溜、脆溜、烧溜。是指将加工成型的主要原料挂糊投入热油内炸至金黄色、成熟，然后勾糊芡成菜的方法。

（二）怎样勾芡

勾芡是借助淀粉在遇热糊化的情况下，具有吸水、黏附及光滑润洁的特点。在菜肴接近成熟时，将调好的粉汁淋入锅内，使卤汁稠浓，增加卤汁对原料的附着力，从而使菜肴汤汁的粉性和浓度增加，改善菜肴的色泽和味道。

勾芡用的淀粉，又叫团粉，是由多个葡萄糖分子结合而成的多糖聚合物。烹调用的淀粉主要有绿豆淀粉、甘薯淀粉、小麦淀粉等。由于淀粉不溶于水，在和水加热至60摄氏度时，则糊化成胶体溶液。勾芡就是利用淀粉的这种特性。

（1）绿豆淀粉是最佳的淀粉，一般很少使用。它是由绿豆水涨磨碎、沉淀而成，它的特点是黏性足、吸水性小、色洁白而有光泽。马铃薯淀粉是目前家庭一般常用的淀粉，是由马铃薯磨碎、揉洗、沉淀制成的，特点是黏性足，质地细腻，色洁白，光泽优于绿豆淀粉，但吸水性差。

（2）小麦淀粉是麦麸洗面筋后沉淀而成或用面粉制成，特点是色白，但光泽较差，质量不如马铃薯粉，勾芡后易沉淀。

（3）甘薯淀粉特点是吸水能力强，但黏性较差，无光泽，色暗红带黑，由鲜薯磨碎、揉洗、沉淀而成。

此外，还有玉米淀粉，菱、藕淀粉，荸荠淀粉等。

勾芡是否适当，对菜肴质量的影响很大，因此勾芡是烹调的基本功之一。勾芡多用于溜、滑、炒等烹调技法。这些烹调法的共同点是旺火速成，使用这种方法烹调的菜肴，基本上不带汤。但由于烹调时加入某些调料和原料本身出水，使菜肴中汤汁增多，通过勾芡，汁液浓稠并附于原料表面，从而达到菜肴光泽、滑润、柔嫩和鲜美的风味。

勾芡一般有两种类型。一种是淀粉汁加调味品，俗称"对汁"，多用于火力旺、速度快的溜、爆等方法烹调的菜肴。一种是单纯的淀粉汁，又叫"湿淀粉"，多用于普通炒菜。另外，浇汁也是勾芡的一种，又称为薄芡、琉璃芡，多用于煨、烧、扒及汤菜。根据烹调方法及菜肴特色，大体上可分为以下几种芡汁用法：

1. 包芡

一般用于爆炒方法烹调的菜肴。粉汁最稠，可以使芡汁全包到原料上，如鱼香肉丝、炒腰花等都是用包芡，吃完菜后，盘底基本不留卤汁。

2. 糊芡

一般用于溜、滑、焖、烩方法烹制的菜肴。粉汁比包芡稀，其作用是把菜肴的汤汁变成糊状，达到汤菜融合、口味滑柔，如糖醋排骨等。

3. 流芡

粉汁较稀，一般用于大型或整体的菜肴，其作用是增加菜肴的滋味和光泽。一般是在菜肴装盘后，再将锅中卤汁加热勾芡，然后浇在菜肴上，一部分沾在菜肴上，另一部分则呈琉璃状，食后盘内可剩余部分汁液。

4．奶汤芡

奶汤芡是芡汁中最稀的，又称薄芡，一般用于烩烧的菜肴，如麻辣豆腐、虾仁锅巴等。其作用是使菜肴汤汁浓一些而达到色美味鲜的要求。

（三）勾芡需掌握的几个关键问题

（1）掌握好勾芡时间，一般应在菜肴九成熟时进行，过早勾芡会使卤汁发焦，过迟勾芡易使菜受热时间长，失去脆、嫩的口味；

（2）勾芡的菜肴用油不能太多，否则卤汁不易粘在原料上，不能达到增鲜、美形的目的；

（3）菜肴汤汁要适当，汤汁过多或过少，会造成芡汁的过稀或过稠，从而影响菜肴的质量；

（4）用单纯粉汁勾芡时，必须先将菜肴的口味、色泽调好，然后再淋入湿淀粉勾芡，才能保证菜肴的味美色艳。

淀粉吸湿性强，还有吸收异味的特点，因此应注意保管，应防潮、防霉、防异味。一般以室温15摄氏度和湿度低于70％为宜。

（四）味的分类

味是某种物质刺激味蕾所引起的感觉。

菜肴的味是由调味品和烹调原料（主、辅料）中的呈味物质，通过加热、调拌融合而成的。

调味品就是含有能刺激味蕾引起感觉的物质（呈味成分），用于制作菜品调和味道所用的物料。在菜点烹制过程中，凡能起到突出菜点口味、改变菜点外观、增加菜肴色彩、消除腥膻异味等无毒的非主、辅料食品，统称为调味品。

菜肴的味是一种复杂的生理感受，包括味神经通过味蕾所感受到的滋味和嗅觉神经通过嗅上腺所感受到的气味。口腔中能产生物理和化学味觉，并能与嗅觉相连，产生更多的综合感觉。这种综合感觉便是菜肴的味道。味大体可分为单一味和复合味。

1．单一味

单一味也称为基本味、母味。是指只用一种味道的呈味物质调制出的滋味，主要有咸、甜、酸、辣、苦、鲜、香几种。

2．复合味

复合味是指用两种或两种以上呈味物质调制出的具有综合味道的滋味。

金华火腿（又称火膧）具有俏丽的外形，鲜艳的肉，独特的芳香，悦人的风味，即色、香、味、形——"四绝"而著称于世，清时由浙江省内阁学士谢墉引入北平，已被列为贡品，谢墉的《食味杂咏》中提到："金华人家多种田、酿酒、育豕。每饭熟，必先滤汁和糟饲猪，猪食糟肥美。造火腿者需猪多，可得善价。故养猪人家更多。"为中国腌腊肉制品中的精华。金华出产的"两头乌"猪，后腿肥大、肉嫩，经过上盐、整形、翻腿、洗晒、风干等程序，数月乃成。香味浓烈。便于储存和携带，已畅销国内外。

八、烹饪文化

北京菜

北京菜是由宫廷菜、官府菜、民菜、少数民族菜和寺院菜构成的。宫廷菜是历代厨师辛勤劳动的结晶。其特点是选料广泛，用料精纯，制法细腻，而且善于猎奇。其特点为讲究刀工，讲究调味；讲究制汤，糟卤；精于选料，讲究时令；烹调细腻。以炒、爆、溜、烧、烤、拌、炸、扒、焖、烹、烩、煮、煨、火靠、炖、蒸、拔、卤、涮等为见长，多用拌法为北京菜一大特点。

九、任务检测

（一）知识检测

（1）肉片上浆时要加入盐、_____、_____和_____进行_____处理。

（2）滑溜肉片的口味是肉片_____、口味_____，菜盘中有_____的汤汁。

（3）滑溜肉片菜肴的颜色是_____。

（二）拓展练习

课后试用其他原料制作如图 4-1-3 所示的软溜、滑溜菜肴。

图 4-1-3　软溜、滑溜菜肴
（a）芙蓉炒蟹；（b）醋溜木须；（c）糟溜三白

任务二　焦溜——抓炒里脊的处理与烹制

一、任务描述

炒锅与打荷厨师相互配合，运用"焦溜"技法完成宫廷名菜"抓炒里脊"的烹制。

二、学习目标

（1）掌握中火、急火转换配合使用的技巧。
（2）能够用复炸技术，完成原料的初步熟处理。
（3）能够独立完成糖醋汁和水粉糊的调制。
（4）会使用"助翻勺"等勺功技术，运用"焦溜"技法和"盛入式"的装盘手法完成抓炒里脊的制作。
（5）在规范地完成抓炒里脊的操作训练过程中，培养积极的工作态度、良好的职业习惯和强烈的安全意识与卫生意识。

三、成品质量标准

抓炒里脊成品如图 4-2-1 所示。

色泽金黄，外脆里嫩，明油亮芡，入口香脆，外挂黏汁，有酸、甜、咸、鲜之味。

图 4-2-1　抓炒里脊成品

四、知识技能准备

（一）烹调技法知识——焦溜

1. 定义

焦溜（又称炸溜、烧溜）即脆溜，是将经调料腌渍过的主料挂上淀粉糊，下热油中炸至酥脆；另起锅兑好味芡汁，煮至浓稠，下主料，翻炒并淋包尾油即成。

2. 技术要求

（1）投放调料要恰当、适时、有序。
（2）按一定规格调味，突出菜肴的风味特点。
（3）根据原料性质兑制调料。
（4）选料新鲜脆嫩，用焦溜方法制作。

(5)刀工处理上,应保证肉块的大小一致,利于原料成熟。

(二)操作要求及特点

(1)主要原料制作前要提前腌制入味。
(2)成品质地外焦里嫩,口味酸甜。

(三)抓炒里脊工艺提示

(1)处理里脊肉时,一定要先除去连在肉上的筋和膜;否则,不但不好切,吃起来口感也不佳。
(2)抓炒是抓和炒相结合,快速地炒,将主料挂糊,过油炸透,待炸焦后,再与芡汁同炒而成。
(3)抓糊的方法有两种,一种是用鸡蛋液把淀粉调成粥状糊,另一种是用清水把淀粉调成粥状糊。

五、工作过程

开档→组配原料→原料加工→挂水粉糊→兑小糖醋汁→初炸→复炸→溜制→成品菜肴装盘装饰→收档。

(一)准备工具

按照本单元要求进行打荷与炒锅开档工作;按照工作任务需求准备常规工具。

1. 炒锅岗位准备工具

带手布、洗涤灵、铁锅、量杯、手勺、漏勺、油鹽子、油隔、筷子、保鲜膜、保鲜盒、生料盆、品尝勺。

2. 打荷岗位准备工具

不锈钢刀具、砧板、九寸圆盘、消毒毛巾、筷子、餐巾纸、食品雕刻刀、剪刀、料盆、餐具、盆、马斗、带手布、调料罐、保鲜盒、保鲜膜。

(二)制作过程

1. 原料准备

打荷岗位与炒锅岗位配合领取并备齐抓炒里脊所需主料、配料和调料,见表4-2-1和表4-2-2。

表 4-2-1 准备热菜所需主料、配料

菜肴名称	数量/份	准备主料		准备配料		准备料头		盛器规格
		名称	数量/克	名称	数量/克	名称	数量/克	
抓炒里脊	1	猪通脊	300	玉米淀粉	60	葱丝	15	九寸圆盘
						姜丝	8	
						蒜末	15	

表 4-2-2 准备热菜调味（复合味）——糖醋味汁（1 份）

调味品名	数量/克	风味要求
料酒	10	
精盐	3	
味精	3	
酱油	12	
白糖	20	色泽金黄，外脆里嫩，明油亮芡，入口香脆，外挂黏汁，有酸、甜、咸、鲜之味
米醋	15	
胡椒粉	20	
毛汤或清水	30	
香油	5	
湿淀粉	30	
植物油	300（实耗 60）	

2．菜肴组配过程

菜肴组配过程见表 4-2-3。

表 4-2-3 菜肴组配过程

	打荷岗位完成步骤 1	打荷岗位完成步骤 2	打荷岗位完成步骤 3
说明	猪肉切成 7 厘米长、0.8 厘米粗的长条，300 克。准备葱丝、姜末、蒜末	调水粉糊：干淀粉加水调成水粉糊	挂水粉糊：将切好的里脊条放入水粉糊中抓匀

菜肴组配技术要点

（1）肉条的规格大小要一致。

（2）每根肉条挂糊要均匀，这样成菜口感才酥脆。

水粉糊（1 份）配比见表 4-2-4。

表 4-2-4 水粉糊（1 份）配比

调味品名	数量/克	质量标准
湿玉米淀粉	60	淀粉裹匀肉条，稀稠度似稠粥状，用手抓起呈块状，能缓缓流下。成品糊经浸炸后，色泽金黄，口感酥脆
清水	25	

3．烹制菜肴

烹制菜肴见表 4-2-5～表 4-2-7。

表 4-2-5　烹制菜肴（一）

图示	 炒锅岗位完成	 打荷岗位完成	炒锅岗位操作
说明	兑糖醋汁：葱、姜、蒜、料酒、精盐、味精、胡椒粉、毛汤、酱油、糖、醋、香油、湿淀粉	挂好糊的里脊、调好味的小糖醋汁及小料备用	初炸——肉条逐一投入六成热油中炸至七成熟

烹制菜肴技术要点

（1）调制糖醋汁时，应先放糖和醋定好甜酸味，再放其他调料。酱油等调色调料应根据主料炸制后的颜色灵活掌握，最后达到菜肴色泽标准。

（2）肉条挂糊刚下入油锅时，糊还未成熟定型，主要以晃锅为主，或用手勺轻推油的表面，使原料脱离锅底，待原料全部浮于油面时，再用手勺与漏勺配合，将粘连的肉条打散。

（3）复炸时油温要高于第一次的油温，炸时要不停搅拌保证原料颜色一致。

（4）每次争取一次性将原料捞出，以保证原料成熟度与色泽一致。

表 4-2-6　烹制菜肴（二）

图示	 炒锅岗位操作	 炒锅岗位操作	 炒锅岗位操作
说明	将油温升至七成热炸至定型、成熟后捞出控油	捞出后把油温烧至八成热时下入复炸	炸至外酥里嫩，呈金红色后捞出控油

复炸技术要点

（1）复炸时油温要烧至八成热时下入肉条，确保其酥脆。

（2）复炸油温高，时间要缩短，上色至其酥脆时迅速捞出控油。

表 4-2-7　烹制菜肴（三）

图示	 炒锅岗位操作	 炒锅岗位操作	 打荷与炒锅岗位配合完成
说明	炒勺上火，热时倒入糖醋汁，大火烧开，勾芡搅拌	投入主料，翻拌均匀，发亮即可	成品装盘与整理装饰——成菜堆成山形后，打荷厨师可在菜肴中间撒上葱丝、红椒丝、香菜等调香原料点缀

勾芡技术要点

（1）一定用大火将汁烧开，再勾芡搅拌。

（2）投入主料与芡汁翻拌均匀后迅速出锅，防止芡汁长时间浸泡炸酥的肉条，使肉条变软。

小贴士：掌握发芡的技巧

发芡（包尾油）是在勾芡之后加入适量油，使芡汁涨发起来，使成菜艳丽、光亮、润滑。在勾芡后，再淋入温油者称为温油发芡，适用于清蒸、扒、红烧、焦溜、焖制类菜肴，其与凉油相比，可缩短发芡时间，防止菜肴破碎和凉锅。若使用热油，因这类菜肴火力所限，易造成返油而影响口感。热油发芡适用于浇汁菜肴。另外，也有用加大底油的方法，利用菜肴自身淀粉的糊化而成芡，渗出油脂后而涨发。这称为底油发芡，适用于要求口味清、鲜、脆、嫩的菜肴。这类菜肴多采用旺火热油，快速成菜，芡汁少，若烹调后再发芡，会延误时间，错过火候，加油后油外溢，口感达不到要求。发芡用猪油、花生油亦可，但要事先炼制；猪油色泽洁白，但冷却后易凝固。混合使用两种油或多种油的操作，称为混合油发芡，常见的有香油、辣椒油与猪油、花生油混用，适用于味浓醇的菜肴。发芡操作时，芡汁要浓稠一些，应分几次加热，这样可避免油脂外溢。

4．成品装盘与整理装饰

保证卫生洁净，达到食用标准。

（三）打荷与炒锅收档

打荷与炒锅配合协作完成收档工作。

（1）依据小组分工对剩余的主料、配料、调料进行妥善保存，容易变质的原料封保鲜膜放入冰箱保存，温度为 0～4 摄氏度；清理卫生，整理工作区域。

（2）依据小组分工对工作区域的设备、工具进行清洗，所有物品经整理后放回原处并码放整齐。

（3）厨余垃圾分类后送到指定垃圾站点。

（四）工作任务评价

抓炒里脊的处理与烹制工作任务评价见表 4-2-8。

表 4-2-8　抓炒里脊的处理与烹制工作任务评价

项目	配分	评价标准
主料成型规格	15	长 7 厘米、粗 0.8 厘米的长条
水粉糊调制规格	25	稀稠适中裹匀里脊
口味	10	咸鲜酸甜，葱、姜、蒜味浓烈
色泽	15	色泽金红，光亮滋润
汁、芡、油量	15	明油亮芡，汁、芡裹紧原料，略有余汁，不汪油
火候	15	外焦里嫩
装盘（九寸圆盘）	5	主料突出，盘边无油迹，成型堆砌成山形；盘饰卫生、点缀合理、美观、有新意

六、菠萝咕噜肉的处理与烹制

（一）成品质量标准

菠萝咕噜肉成品如图 4-2-2 所示。

（二）准备工具

参照抓炒里脊准备工具。

色泽红亮、芡汁滋润紧裹原料、口味酸甜鲜香、口感外酥里嫩。

图 4-2-2　菠萝咕噜肉

（三）制作过程

1．原料准备

按照岗位分工准备菜肴菠萝咕噜肉所需原料（参照抓炒里脊），见表 4-2-9 和表 4-2-10。

表 4-2-9　准备热菜所需主料、配料

菜肴名称	数量/份	准备主料		准备配料		准备料头		盛器规格
		名称	数量/克	名称	数量/克	名称	数量/克	
菠萝咕噜肉	1	猪通脊	200	菠萝	50	葱片	15	九寸圆盘
				青椒	20			
				胡萝卜	20			
				洋葱	20	蒜片	10	
				红椒	20			
				鸡蛋	50			
				玉米淀粉	100			

表 4-2-10　准备热菜调味（复合味）——番茄糖醋味汁（1 份）

调味品名	数量/克	风味要求
番茄酱	35	
料酒	10	
精盐	3	
味精	3	
辣酱油	10	
白糖	20	色泽红亮、芡汁滋润紧裹原料、口味酸甜鲜香
白醋	15	
胡椒粉	20	
毛汤或清水	30	
香油	5	
湿淀粉	20	
色拉油	300（实耗 60）	

2．菜肴组配过程

打荷岗位完成配菜组合操作步骤。

（1）猪肉初步加工：将猪肉洗净先切成厚2厘米的大片，两面剞交叉十字刀，各深1/5，再切成2.5厘米见方的丁，加入精盐、胡椒粉、料酒码味待用。

肉切成条后要拍松。必须剞刀以后再切块。腌制猪肉丁时，精盐不要放得太多。

（2）葱、姜切指甲片，青椒、洋葱切片，胡萝卜、菠萝切成小块。

片的大小要一致，块的大小也要一致。

菠萝咕噜肉要用坐臀肉。

坐臀肉又称"坐板""二刀肉"，位于后腿的中部，处于弹子肉、臀尖之间，一端厚，一端薄，肉质较老，肥瘦相间，丝缕较长，适宜酱、炒、拌、煮等。坐臀的内侧上方（即后腿的中部，靠近尾处）和后肘子的上方，有一块圆形的瘦肉，称为磨档，肉质细嫩，适宜爆、炒、炸等。

全蛋糊（1份）配比见表4-2-11。

表 4-2-11　全蛋糊（1份）配比

调味品名	数量/克	质量标准
湿淀粉	60	鸡蛋和湿淀粉裹匀肉丁，稀稠度似稠粥状，肉丁挂糊后，蘸一层干淀粉，用手攥紧裹匀即可。成品糊经浸炸后，色泽金黄，口感香酥
鸡蛋	25	
干淀粉	40	

挂糊技术要点

（1）调制糊时不能有颗粒。

（2）不可多攥，攥紧即可，否则，不易炸透。

3．烹制菜肴

炒锅岗位完成操作步骤。

（1）兑番茄糖醋汁：番茄酱、料酒、精盐、味精、胡椒粉、毛汤、辣酱油、白糖、白醋、香油、湿淀粉、葱、蒜。

兑汁技术要点

焦溜菜肴兑汁要以挂匀原料略有余汁为佳。

（2）炸肉丁：肉丁入六成热油中炸至七成熟，再将油温升至七成热炸至外酥里嫩然后捞出。

炸制技术要点

炸制时火候掌握要恰当，油温始终保持六成热，火力为中火。防止出现外焦里不熟或外焦里硬的现象。

4．炒制菜肴

炒勺上火，热时烹葱蒜、味汁，用大火烧开，勾芡搅拌均匀，淋少许明油，投入主料、配料翻拌均匀即可溜入盘中。

炒制技术要点：

（1）要使主料和配料充分拌匀，必须掌握翻炒技巧。

（2）油温不要太高，以免破坏菠萝的香味。

（3）芡汁的浓度要适当，以能挂在菜肴上为准。

（4）装菜不可溢出盘边，装菜要迅速，防止芡汁长时间浸泡炸酥的肉条，使肉条变软。

5．成品装盘与整理装饰

参照主任务抓炒里脊的处理与烹制。

6．打荷与炒锅收档

参照主任务抓炒里脊的处理与烹制，打荷与炒锅配合协作完成收档工作。

（四）工作任务评价

菠萝咕噜肉的处理与烹制工作任务评价见表 4-2-12。

表 4-2-12　菠萝咕噜肉的处理与烹制工作任务评价

项目	配分 / 分	评价标准
主料成型规格	15	2.5 厘米见方的丁
全蛋糊调制规格	25	稀稠适中裹匀肉丁；干淀粉蘸裹均匀紧实
口味	10	甜酸
色泽	15	色泽橙红，光亮滋润
汁、芡、油量	15	汁、芡裹紧原料，略有余汁，不汪油
火候	15	油温恰当，不脱糊，口感外酥里嫩
装盘（九寸圆盘）	5	主料突出，盘边无油迹，成型好；盘饰卫生、点缀合理、美观、有新意

七、专业知识拓展

（一）烹调技法知识——走油

走油也称为过油、冲油、油促、油炸、拉油等，就是将加工整理或切制成型的食物原料，投入热油锅或旺油锅内加热处理，以达到正式烹调的要求。

1．操作程序

铁锅擦净预热→加入油→加热至五六成→投入原料→翻动加热→捞出控油备用。

2．操作要领

（1）用油量要宽（3∶1），将原料没过。

（2）采用急火、高油温（五六成热）。

（3）随时翻动原料，确保受热、成熟、颜色均匀一致。

（4）入油时应尽量缩短原料与油面距离，以防油溅烫伤。

（5）视原料情况（数量、形状）掌握用油数量和调控油温。

（6）带皮原料，入油时应皮面朝下。

（7）挂糊的原料要均匀，并分散入油。

（8）严格控制加热时间，确保原料风味特色。

3．过油的适用范围

（1）适用加工的原料范围较少，如家畜、家禽、水产品、豆制品及某些蔬菜类等均可。

（2）油爆、烧、拔丝等烹调方法制作菜肴主料的预熟处理。

（二）勾芡对菜肴的作用

菜肴在烹制加热过程中，分解出的水分、营养成分和液体调味品一起形成滋味鲜美的汤汁，如经勾芡，这些汤汁就能依附在菜肴原料上，使原料和汤汁融合在一起，成为汤汁稠厚、汤菜融合的佳肴。起到改变质感、增加光泽，汁菜附着、融合滋味，保持温度、突出风味，晶莹光洁、丰富色彩，增汁浓度、突出原料，减少营养成分损失的作用。

1．改变质感、增加光泽

大部分溜菜的最大特点就是外香脆、内软嫩，如糖醋鱼等。这类菜肴为了口感香脆，都要经炸或煎处理，但在回锅调味时，调味汁渗透到原料的表面，使之发软，破坏了香脆的效果。对于这类菜肴，必须在调味汁中加入淀粉，先在锅内勾芡，使调味汁变浓变稠，成为卤汁，在较短的时间内，裹在原料上。由于淀粉糊化变黏的调味汁，尽管裹在原料上，却不易渗进原料（只沾在外面），这样，就保证了菜肴外香脆、内软嫩的风味特点。

2．汁菜附着、融合滋味

这是因为菜肴在烹调中，原料溢出内部的水分，而为了调味又必须加入液体调味品和水，这两种水分在较短的烹调时间内，不可能全部被吸收或蒸发，尤其是爆、溜、炒等旺火菜更难做到。勾芡以后，由于淀粉的糊化黏性作用，把原料溢出的水分和加进的液体调味品变成卤汁，又稠又黏，稍加颠翻，就均匀地裹在菜肴上，汤料混为一体，既达到了汁少汁紧的要求，又解决了不入味的问题，两全其美。

3．保持温度、突出风味

这是由于芡汁裹住了菜肴的外表，减缓了菜肴内部热量的散发，能较长时间保持菜肴的热量，特别是对一些需要热吃的菜肴（冷了就不好吃），不但起到保温作用，实际上也起了保质的作用。

4．晶莹光洁、色彩丰富

由于淀粉受热变黏后，出现一种特有的透明光泽，能把菜肴和调味品的色彩更加鲜明地反映出来。因此，勾过芡的菜肴比不勾芡的菜肴色彩更鲜艳，光泽更明亮，显得整洁美观。

5．增汁浓度、突出原料

烩、煮等类菜的特点是汤水较多，特别是原料本身的鲜味和调料的滋味都要溶解在汤汁中，汤味特别鲜美，但缺点是汤、菜分离，不能融合在一起。勾芡以后，由于淀粉的糊化作用，汤汁的浓度增加，因此汤、菜融合在一起，不但增加了菜肴的滋味，还产生了柔润滑嫩的特殊口感。所以在这一类菜肴中，除部分菜外，都要适当勾芡，增加菜肴的风味特色。

有些汤菜，汤水很多，主料往往沉在下面，上面只有汤，看不见菜，特别是一些名菜，如烩乌鱼蛋等，若主料不浮在汤面，则影响了菜的风味质量。采用勾芡办法，适当提高汤的浓度可使主料上浮，既突出了主料的位置，也使汤汁变得滑润可口。

6．减少营养成分损失

由于勾芡还可使菜肴在烹调过程中溶解到汤汁里的维生素和其他营养物质黏附在糊化的芡汁上，就不会剩下菜汤而浪费了。

（三）姜的用法

1．姜丝入菜多作配料

烹调常用姜有新姜、黄姜、老姜、浇姜等，按颜色又有红爪姜和黄爪姜之分，姜的辛辣香味较重，在菜肴中既可作为调味品，又可作为菜肴的配料。新姜皮薄肉嫩，味淡薄；黄姜香辣，气味由淡转浓，肉质由松软变结实，是姜中上品；老姜，俗称姜母，即姜种，皮厚肉坚，味道辛辣，但香气不如黄姜；浇姜，附有姜芽，可以作菜肴的配菜或酱腌，味道鲜美。

作为配料入菜的姜，一般要切成丝，如姜丝肉是取新姜与青红辣椒，切丝与瘦猪肉丝同炒，其味香辣可口，独具一格。三丝鱼卷是将鳜鱼肉切成大片，卷包笋丝、火腿丝、鸡脯肉丝呈圆筒形，然后配以用浇姜腌渍的酱姜丝，还有葱丝、红辣椒丝，加酱油、白糖、醋溜制成。味道酸甜适口，外嫩里鲜。把新姜或黄姜加工成丝，还可作为凉菜的配料，增鲜之余，兼有杀菌、消毒的作用。如淮扬传统凉拌菜拌干丝，它是把大豆腐干片成薄片，再细切成比火柴棍还细的干丝，用沸水浸烫三次，挤去水分，放入盘中，上面再撒放生姜丝，浇上调味而成的。干丝绵软清淡，姜丝鲜嫩辣香。

2．姜块（片）入菜去腥解膻

生姜加工成块或片，多数是用在火工菜中，如炖、焖、煨、烧、煮、扒等烹调方法中，具有去除水产品、禽畜类的腥膻气味的作用。火工菜中用老姜，主要为取其味，待菜肴成熟后要弃去姜。所以姜需加工成块或片，且要用刀面拍松，使其裂开，便于姜味外溢，浸入菜中。如清炖鸡，配以鸡蛋称清炖子母鸡，加入水发海参即为珊瑚炖鸡，以银耳球点缀叫作风吹牡丹，佐以猪肠叫游龙戏凤，添上用鱼虾酿制的小鸡即为百鸟朝凤等。在制作中都以姜片调味，否则，就不会有鸡肉酥烂香鲜、配料细嫩、汤清味醇的特点了。

姜除在烹调加热中调味外，亦用于菜肴加热前，起浸渍调味的作用，如油淋鸡、叉烧鱼、炸猪排等，烹调时姜与原料不便同时加热，但这些原料异味难去，就必须在加热前，用姜片浸渍相当的时间，以消除其异味。在浸渍的同时，还需加入适量的料酒、葱，这样效果更好。

3．姜米入菜起香增鲜

姜在古代亦称疆，有疆御百邪之意。姜性温散寒邪，利用姜的这一特有功能，人们食用凉性菜肴，往往佐以姜米醋同食，醋有去腥暖胃的功效，再配以姜米，互补互存，可以防止腹泻，也能促进消化，如清蒸白鱼、芙蓉鲫鱼、清蒸蟹、醉虾、炝笋等，都需浇上醋，加姜米，有些还需撒上胡椒粉和香菜叶。

姜米在菜肴中亦可与原料同煮同食，如清炖狮子头，猪肉细切再用刀背砸后，需加入姜米和其他调料，制成狮子头，然后再清炖。生姜加工成米粒，更多的是经油煸炒后与主料同烹，姜的辣香味与主料鲜味溶于一体，十分诱人。炒蟹粉、鱼香肉丝等，姜米需先经油煸炒之后，待香味四溢，然后再下入主配料同烹。姜块（片）在火工菜中起去腥解膻的作用，而姜米则多用于炸、溜、爆、炒、烹、煎等方法的菜中，用以起香增鲜。

4. 姜汁入菜色味双佳

水产、家禽的内脏和蛋类原料由于腥膻味较浓，烹制时生姜是不可少的调料。有些菜肴可用姜丝作为配料同烹，而火工菜肴（行话称大菜）要用姜块（片）去腥解膻，一般炒菜、凉拌菜用姜米起鲜。另外，有一部分菜肴不便与姜同烹，又要去腥增香，用姜汁是比较适宜的，如制作鱼圆、虾圆、肉圆及将各种动物性原料用刀背砸成茸后制成的菜肴，就是用姜汁去腥膻味的。

制姜汁的方法是将姜块拍松，用清水泡一定时间（一般还需要加入葱和适量的料酒同泡），就成所需的姜汁了。生姜在烹调中用途很大，很有讲究，但不一定任何菜都要用姜来调味，如单一的蔬菜本身含有自然芳香味，若再用姜米调味，势必会喧宾夺主，影响其本味。

（四）原料营养知识

1. 菠萝

菠萝内含维生素A、维生素B、维生素C和钙、磷、钾等矿物质以及脂肪、蛋白质等。其中一种叫"菠萝朊酶"的物质能分解蛋白质，溶解阻塞于组织中的纤维蛋白和血凝块。由于菠萝中所含的糖、盐类和酶有利尿作用，所以患有肾炎和高血压的人不宜食用。有的人对菠萝过敏，食用后15～60分钟会出现腹痛、呕吐、腹泻、头晕、皮肤潮红、全身发痒、四肢及口舌发麻，严重的还可能出现呼吸困难甚至休克的症状。这就是"菠萝病"，是因为菠萝中含有的生物甙和菠萝蛋白酶引起了人体过敏，为了避免这种情况发生，食用前最好将其切成片，用盐水或苏打水浸泡20分钟。菠萝适合在夏季食用，可以解暑止渴。

2. 青椒

青椒果实中含有极其丰富的营养，维生素C的含量比茄子、番茄还高，其中芬芳辛辣的辣椒素，能增进食欲、帮助消化，而抗氧化维生素和微量元素，能增强人的体力，缓解因工作生活压力造成的疲劳。其特有的味道和所含的辣椒素有刺激唾液和胃液分泌的作用，能增进食欲，帮助消化，促进肠蠕动，防止便秘。

3. 蒜

为一年生或两年生草本植物，味辛辣，古称葫，又称葫蒜。以其鳞茎、蒜薹、幼株供食用。蒜分为大蒜、小蒜两种。中国原产有小蒜，蒜瓣较小，大蒜原产于欧洲南部和中亚，最早在古埃及、古罗马、古希腊等地中海沿岸国家栽培，汉代由张骞从西域引入陕西地区，后遍及全国。现在，中国是世界上大蒜栽培面积和产量最多的国家之一。

蒜可作为主料、配料、调料和点缀之用。以蒜瓣配制的菜肴有江苏炖生敲、四川大蒜烧鲶鱼、广东蒜子瑶柱脯。蒜用作调料就更多见了，如四川的蒜泥白肉，又如山东的蒜泥黄瓜、夏季食用的凉面的菜码中加蒜泥。每100克鲜蒜中含水分64～72克，蛋白质3.6～6.9克，碳水化合物22～30.3克，还含有大蒜素，具有杀菌作用。

八、烹饪文化

"抓炒里脊"与御膳房王伙夫

慈禧太后吃饭，是以讲究排场和挑剔著称的。但天天老一套的山珍海味、七碟八碗，也确实令人胃口难开，大有单调乏味之感，因而她时常对罗陈于前的珍馐美味大发脾气。

有一次慈禧用晚膳，传膳太监一声呼喊，御膳房迅速将菜肴摆上席来。慈禧一见就摇头摆手，一口没尝。这可急坏了御膳房的御厨们，因为倘若迟迟上不去新鲜玩意儿，讨不来太后的欢心，众人都要倒霉的。

正当御厨们面面相觑、无可奈何之际，平日里只知烧火的一个姓王的伙夫操起了勺把。只见他将用剩下的猪里脊片抓了些放在碗里，又倒入一些蛋清和湿淀粉，胡乱地抓了一阵子，便投入锅内烹调起来……

待菜肴盛入盘内，御厨们看了都不敢表示恭维，并议论此等杂乱无章的菜，怎能登大雅之堂。御膳房中一位深知慈禧饮食乖僻的老御厨，倒是主张不妨进上去试试，于是由上菜的太监献上。慈禧此时正有微饿之感，忽闻一股奇香扑鼻，只见端到面前的这道菜，色泽金黄，油亮滑润，荤素杂陈不落俗套，早已食欲大开，使举箸一尝，不禁叫好，随口问道："这是一道什么菜呀？怎么从前不曾做来？"上菜的太监以为老佛爷怪罪下来，慌忙跪下回禀。常言道"急中生智"，那太监在下跪的一刹那，脑中忽然浮现刚才伙夫做菜时胡乱抓了又炒的情景，使信口奏道："回老佛爷，此菜名叫'抓炒里脊'，是御膳房一个伙夫为老佛爷烹制的，故而不在食谱之列。"

慈禧听了小太监一席话，对这道别出心裁的抓炒菜肴更生出了兴趣，便传旨要伙夫来见。

御厨们听说慈禧传见伙夫，都为他捏了一把冷汗。不料慈禧对伙夫的手艺大加夸奖，因其姓王，又即兴封他为"抓炒王"，由伙夫提为御厨，专为太后烹调抓炒类菜肴。

从此，"抓炒里脊"闻名宫廷，逐渐成为北京地方风味菜品中的独特名菜。

九、任务检测

（一）知识检测

（1）溜可分为_____、_____、_____、醋溜等多种具体方法。

除了以上四种具体炒法外，还有_____等不同的炒法。

（2）菠萝咕噜肉风味特点是菜肴色泽_____，口味_____，口感_____，盘底_____、_____。

（3）油炸原料是油温以_____成热下锅，第二次炸时，在油温_____成热时下入原料。

（二）拓展练习

课后试用其他原料制作图 4-2-3 所示的抓炒、焦溜菜肴。

(a)　　　　　　　　　(b)　　　　　　　　　(c)

图 4-2-3　抓炒、焦溜菜肴
（a）抓炒虾仁；（b）糖醋里脊；（c）菠萝咕噜鸡

单元五 爆制类菜肴的处理与烹制

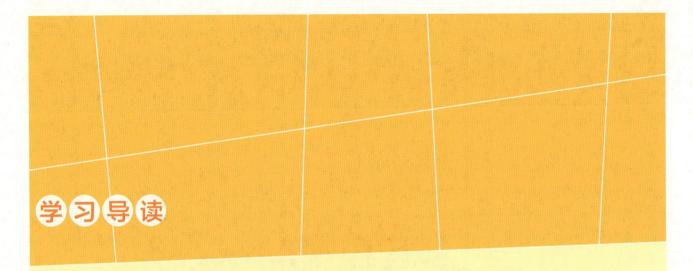

学习导读

【学习内容】

本单元主要以典型菜肴为载体，学习在岗位环境中运用"爆"的技法完成工作任务的相关知识、技能和经验。

【任务描述】

本单元由三组爆法烹制菜肴的处理与制作任务组成，每组任务由炒锅与打荷两个岗位在企业厨房工作环境中配合共同完成。

芫爆里脊的处理与烹制是以训练"生炒"技法为主的实训任务。生炒的特点是主料不挂糊，辅助原料数量较少，突出主料，清淡爽口。本任务的自主训练内容为芫爆肚丝的处理与烹制。

宫保鸡丁的处理与烹制是以训练"油爆"技法为主的实训任务。本任务的自主训练内容为油爆鱿鱼卷的处理与烹制。

酱爆鸡丁的处理与烹制是以训练"酱爆"技法为主的实训任务。本任务的自主训练内容为葱爆羊肉的处理与烹制。

【学习要求】

本单元要求在与企业厨房生产环境一致的实训环境中完成。学生通过实际训练较熟练掌握打荷与炒锅岗位工作流程；能够按照打荷岗位标准基本完成开档和收档工作。能够按照炒锅岗位工作标准运用芫爆、油爆、酱爆等技法和勺工、火候、调味、勾芡、装盘技术完成典型菜肴的制作，并在工作中培养合作意识、安全意识和卫生意识。

【相关知识】

炒锅与打荷岗位工作流程。

1. 进行炒锅、打荷岗位开餐前的准备工作

（1）打荷岗位所需工具准备齐全。

（2）炒锅岗位所需工具准备齐全。

2．打荷与炒锅工作任务

（1）按照工作任务进行——爆制类菜肴：芫爆里脊的处理与烹制。

（2）按照工作任务进行——爆制类菜肴：宫保鸡丁的处理与烹制。

（3）按照工作任务进行——爆制类菜肴：酱爆鸡丁的处理与烹制。

（4）原料准备与组配——打荷岗位与炒锅岗位配合领取并备齐制作菜肴所需主料、配料和调料。

3．进行炒锅、打荷岗位开餐后的收尾工作

（1）依据小组分工对剩余的主料、配料、调料进行妥善保存；清理卫生，整理工作区域。

（2）依据小组分工对工作区域的设备、工具进行清洗，所有物品经整理后放回原处并码放整齐。

（3）厨余垃圾分类后送到指定垃圾站点。

任务一　芫爆里脊的处理与烹制

一、任务描述

在炒锅环境中，在打荷厨师的配合下，运用"芫爆"技法完成山东名菜"芫爆里脊"的烹制。

二、学习目标

（1）了解芫荽（香菜）原料知识及使用常识。
（2）能正确鉴别油温，学会运用"急火"及掌握三四成热油温滑制肉丝。
（3）能够准确调制"清汁"。
（4）掌握使用勺工技术"小翻勺""翻拌法"，运用"芫爆"技法和"拨入式"的装盘手法完成"芫爆里脊"的制作。
（5）炒锅和打荷岗位沟通自如。

三、成品质量标准

芫爆里脊成品如图 5-1-1 所示。

色泽白绿相间，口味咸鲜，里脊丝舒展、口感滑嫩，芡汁利落，有香菜的清香味。

图 5-1-1　芫爆里脊成品

四、知识技能准备

（一）烹调技法知识——爆、芫爆

1. 定义

爆是原料中的主料经过沸汤、滑油热处理后加入配料兑汁烹制的一种烹调方法，可分为油爆、芫爆、酱爆、葱爆、汤爆、辣爆等。

芫爆是指将原料中的主料经过沸汤、滑油热处理后以香菜为主要配料，在适量的炒锅中兑汁烹制的一种烹调方法。其主要适用于牛肉、羊肉、猪肉、鸡肉、鱼肉、大虾、牛百叶、鳝鱼、香菇、猪肚等。

2. "芫爆"菜肴制作技术关键

（1）上浆是防止原料在滑炒过程中失水退嫩，着衣要均匀结实，上浆不宜过厚，以保证菜品软嫩鲜美。

（2）码味清淡、腌制均匀。

（3）滑油时掌握好火候，油温三四成热时分散下勺，料中可拌少量油避免粘连。

（4）刀工均匀一致。

（5）油温应根据烹饪原料性质差异灵活掌握。

（6）芡汁利落，炒后盘中不可渗出汁来。

（7）炒时迅速简捷，时间过长易老易出汁。

（8）香菜盛出时应直挺，不能"蹋秧"。

（二）油温的掌握

油的温度可达 355 摄氏度，通常在加热时温度已经超过水的沸点，有利于原料在短时间内成熟，减少营养成分的损失。

正确识别油温后，具体运用还必须根据火力大小、过油时间长短、原料性质以及下料多少等多方面因素，灵活地运用油温。一般情况下，应根据菜肴的要求确定油温，如果用旺火，原料下锅时油温应稍低一些；用温火，原料下锅时油温应稍高一些；如油温太高，可将锅端离或半离火口，或关闭、关小煤气供气阀门。如油温偏高，原料过油时间应短一些；油温偏低，则过油时间应长一些。如果原料质老或形态较大的，下锅时油温应稍高一些；原料质嫩或较小的，下锅时油温应稍低一些。如原料数量多，下锅时油温应稍高一些；原料数量少，下锅时油温应稍低一些。

五、工作过程

开档→组配原料→肉丝腌制上浆→兑清汁→烹制成菜→成品装盘→菜肴整理→收档。

（一）准备工具

按照本单元要求进行打荷与炒锅开档工作；按照工作任务需求准备常规工具。

1. 炒锅岗位准备工具

带手布、洗涤灵、铁锅、量杯、手勺、漏勺、油壶子、油隔、筷子、保鲜膜、保鲜盒、生料盆、品尝勺。

2. 打荷岗位准备工具

不锈钢刀具、砧板、一尺长方盘、消毒毛巾、筷子、餐巾纸、食品雕刻刀、剪刀、料盆、餐具、盆、马斗、带手布、调料罐、保鲜盒、保鲜膜。

（二）制作过程

1. 原料准备

打荷岗位与炒锅岗位配合领取并备齐芫爆里脊所需主料、配料和调料，见表 5-1-1 和表 5-1-2。

表 5-1-1　准备热菜所需主料、配料

菜肴名称	数量/份	准备主料		准备配料		准备料头		盛器规格
		名称	数量/克	名称	数量/克	名称	数量/克	
芫爆里脊	1	猪通脊丝	200	香菜梗	50	葱丝	20	八寸圆盘
				鸡蛋清	30	姜丝	5	
						蒜片	8	

表 5-1-2　热菜调味（复合味）——清汁（1 份）

调味品名	数量/克	风味要求
料酒	10	
精盐	1	
味精	1	
米醋	5	口味咸鲜，有淡淡的米醋和胡椒粉的香气，味汁利落
毛汤或清水	10	
胡椒粉	1	
香油	2	
色拉油	300（实耗 30）	

2．菜肴组配过程

菜肴组配过程见表 5-1-3。

表 5-1-3　菜肴组配过程

图示		 
	打荷岗位完成配菜组合	打荷岗位完成主料上浆
说明	肉顺丝切成长约 6 厘米、截面直径约 0.25 厘米的丝，香菜切成 3 厘米的段，葱、姜切细丝，蒜切末待用	肉丝放入碗内，加精盐、料酒码味，放入鸡蛋清拌匀，最后放入湿淀粉并顺向搅拌至上劲即可

菜肴组配技术要点

要使浆液充分渗透到肉内。肉丝的浆液不要过厚或过薄。上浆厚薄应以肉丝表面似有，但又不明显为宜。

蛋清液（1 份）配比见表 5-1-4。

表 5-1-4　蛋清浆（1 份）配比

调味品名	数量/克	质量标准
鸡蛋清	40	行业用语：薄为浆，厚为糊。上浆要薄如透明绸子，光亮滋润，充分拌匀，吃浆上劲，不出水
湿淀粉	25	

3. 烹制菜肴

烹制菜肴见表 5-1-5。

表 5-1-5 烹制菜肴

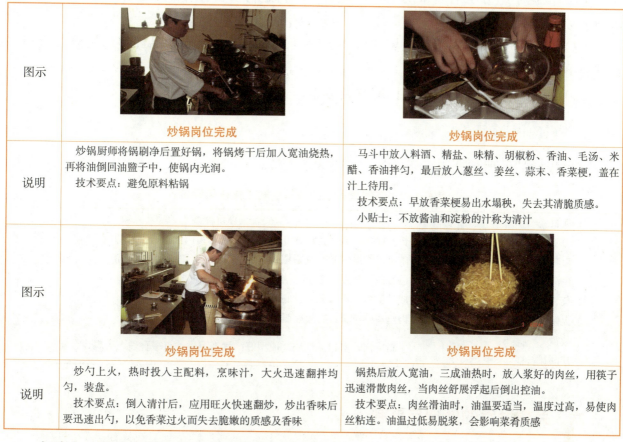

图示	炒锅岗位完成	炒锅岗位完成
说明	炒锅厨师将锅刷净后置好锅，将锅烤干后加入宽油烧热，再将油倒回油盐子中，使锅内光润。 技术要点：避免原料粘锅	马斗中放入料酒、精盐、味精、胡椒粉、香油、毛汤、米醋、香油拌匀，最后放入葱丝、姜丝、蒜末、香菜梗，盖在汁上待用。 技术要点：早放香菜梗易出水塌秧，失去其清脆质感。 小贴士：不放酱油和淀粉的汁称为清汁
图示	炒锅岗位完成	炒锅岗位完成
说明	炒勺上火，热时投入主配料，烹味汁，大火迅速翻拌均匀，装盘。 技术要点：倒入清汁后，应用旺火快速翻炒，炒出香味后要迅速出勺，以免香菜过火而失去脆嫩的质感及香味	锅热后放入宽油，三成油热时，放入浆好的肉丝，用筷子迅速滑散肉丝，当肉丝舒展浮起后倒出控油。 技术要点：肉丝滑油时，油要适当，温度过高，易使肉丝粘连。油温过低易脱浆，会影响菜肴质感

小贴士：通过烹饪原料成熟度的鉴别来掌握火候

火候必然通过炒勺中烹饪原料的变化反映出来，如动物性烹饪原料是根据其血红色素的变化来确定火候的。当油温在 60 摄氏度以下时，肉色几乎无变化；油温为 65～75 摄氏度时，肉呈现粉红色；油温在 75 摄氏度以上时，肉色完全变成灰白色。如猪肉丝入锅烹调后变成灰白色，则可判定其基本断生。

4. 成品装盘与整理装饰

成品装盘与整理装饰见表 5-1-6。

表 5-1-6 成品装盘与整理装饰

图示	炒锅与打荷岗位协作完成菜肴装盘	打荷岗位完成
说明	菜肴采用"盛入法"和"拨入式"相结合的方法装入出菜盘，呈堆落状	菜肴的整理

（三）打荷与炒锅收档

打荷与炒锅配合协作完成收档工作。

（1）依据小组分工对剩余的主料、配料、调料进行妥善保存，容易变质的原料封保鲜膜放入冰箱保存，温度为 0～4 摄氏度；清理卫生，整理工作区域。

（2）依据小组分工对工作区域的设备、工具进行清洗，所有物品经整理后放回原处并码放整齐。

（3）厨余垃圾经分类后送到指定垃圾站点。

（四）工作任务评价

芫爆里脊的处理与烹制工作任务评价见表 5-1-7。

表 5-1-7　芫爆里脊的处理与烹制工作任务评价

项目	配分/分	评价标准
刀工	15	长 6 厘米、截面直径约 0.25 厘米规格的猪肉丝；香菜梗切成 3 厘米长的段
口味	25	咸鲜，香菜、米醋及胡椒粉的香气浓烈
色泽	10	色彩白绿相间，清爽亮洁
汁、芡、油量	20	成品清爽、不打芡；盘底无油、略有清汁
火候	20	肉丝口感滑嫩；香菜梗脆嫩，不塌秧，不出水
装盘（八寸圆盘）	10	主料突出，盘边无油迹，成型好；盘饰卫生、点缀合理、美观、有新意

六、芫爆肚丝的处理与烹制

（一）成品质量标准

芫爆肚丝成品如图 5-1-2 所示。

（二）准备工具

参照芫爆里脊准备工具。

色泽白绿相间，肚丝舒展，口味咸鲜香微酸，肚丝口感滑嫩有韧性，香菜爽脆，芡汁利落。

图 5-1-2　芫爆肚丝成品

（三）制作过程

1. 原料准备

按照岗位分工准备菜肴芫爆肚丝所需原料（参照芫爆里脊），见表 5-1-8 和表 5-1-9。

表 5-1-8　准备热菜所需主料、配料

菜肴名称	数量/份	准备主料		准备配料		准备料头		盛器规格
		名称	数量/克	名称	数量/克	名称	数量/克	
芫爆肚丝	1	熟猪肚	250	香菜	50	葱丝	20	八寸圆盘
						姜丝	5	
						蒜片	8	

表 5-1-9 准备热菜调味（复合味）——清汁（1 份）

调味品名	数量/克	风味要求
料酒	10	口味咸鲜，有淡淡的米醋和胡椒粉的香气
精盐	1	
味精	1	
米醋	10	
毛汤或清水	10	
胡椒粉	2	
香油	2	
色拉油	300（实耗 30）	

2．菜肴组配过程

打荷岗位完成配菜组合操作步骤。

（1）清洗猪肚：猪肚放入盆中，加入盐、米醋、面粉里外反复搓洗，再用清水冲洗干净。

（2）初步熟处理：猪肚入冷水，加入料酒、葱段、姜片上火烧开后，改小火加盖煮 45 分钟，用筷子能轻易扎透即可捞出晾凉。

猪肚加工技术要点

猪肚加工时将生猪肚头或整肚，在去掉油筋和皮后，改切成块，然后用碱水浸泡，待泡透后，捞出冲洗漂净碱味。经过此法加工好的猪肚，烹调后质地极脆嫩，可用于制作本菜肴。

（3）加工组配后的原料。熟猪肚切成长约 5 厘米、直径约 0.3 厘米的丝，香菜切成 3 厘米长的段，向砧板厨师提取加工组配后的半成品原料。葱、姜切丝，蒜切片。

猪肚清洗技术要点

猪肚黏液很多。如光用水洗是不够干净的。洗肚前，在顶部直切一小口，将肚身反转，用盐擦匀肚身，冷水清洗黏液，后用沸水泡至肚苔发白，再用小刀刮去黏液及白苔，最后用清水洗净即可。

（4）做好盘饰。

3．烹制菜肴

（1）炒锅岗位完成操作步骤。

兑清汁：马斗中放入葱、姜、料酒、精盐、味精、胡椒粉、香油、毛汤、米醋拌匀，并将葱、姜、蒜放入。

兑清汁技术要点

肚丝脏器味大，调料应放足。

（2）打荷岗位完成操作步骤。

香菜梗盖在汁上待用。

（3）炒锅岗位完成操作步骤。

肚丝入七成热油中滑熟后，倒出控油，炒勺上火，热时投入主配料，烹味汁大火迅速翻拌均匀。

4. 成品装盘与整理装饰

参照主任务芫爆里脊的处理与烹制。

5. 打荷与炒锅收档

参照主任务芫爆里脊的处理与烹制，打荷与炒锅配合协作完成收档工作。

（四）工作任务评价

芫爆肚丝的处理与烹制工作任务评价见表 5-1-10。

表 5-1-10　芫爆肚丝的处理与烹制工作任务评价

项目	配分/分	评价标准
刀工	15	长 5 厘米、横截面直径约 0.3 厘米的猪肚丝
口味	25	咸鲜，香菜、米醋及胡椒粉的香气浓烈
色泽	10	色彩白绿相间，清爽亮洁
汁、芡、油量	20	成品清爽、不打芡；盘底无油、略有清汁
火候	20	肚丝口感滑嫩，略带韧性；香菜梗脆嫩，不塌秧，不出水
装盘（八寸圆盘）	10	主料突出，盘边无油迹，成型好；盘饰卫生、点缀合理、美观、有新意

七、专业知识拓展

（一）烹调技法知识——"爆""芫爆"

爆是原料中的主料经过沸汤、滑油热处理后加入配料兑汁烹制的一种烹调方法，可分为油爆、芫爆、酱爆、葱爆、汤爆、辣爆等类别。

芫爆是原料中的主料经过沸汤、滑油热处理后以香菜为主要配料，在适量的炒锅中兑汁烹制的一种烹调方法。主要适用于牛肉、羊肉、猪肉、鸡肉、鱼肉、大虾、牛百叶、鳝鱼、香菇、猪肚等。

（二）"芫爆"菜肴制作技术关键

（1）上浆是防止原料在滑炒过程中失水退嫩，以保证菜品软嫩鲜美，着衣要均匀结实，上浆不宜过厚。

（2）码味清淡、腌制均匀。

（3）滑油时应分散下勺，料中可拌少量油避免粘连。

（4）刀工均匀一致。

（5）油温应根据烹饪原料性质差异灵活掌握。

（6）芡汁利落，炒后盘中不可渗出汁来。

（7）炒时迅速简捷，时间过长易老易出汁。

（8）香菜盛出时应直挺，不能"踢秧"。

（三）原料营养知识

芫荽：含有许多挥发油，其特殊的香气就是挥发油散发出来的。它能去除肉类的腥膻味，因此在菜肴中加一些芫荽，即能起到去腥膻、增味道的独特功效。芫荽提取液具有显著的发汗、清热、透疹的功能，其特殊香味能刺激汗腺分泌，促使机体发汗、透疹。另外，其还具有和胃调中的功效，能促进胃肠蠕动，具有开胃醒脾的作用。

（四）芫爆肚丝拓展知识

1. 食谱营养

猪肚：猪肚含有蛋白质、脂肪、碳水化合物、维生素及钙、磷、铁等，具有补虚损、健脾胃的功效，适用于气血虚损、身体瘦弱者食用。

2. 调料知识

（1）麻油。麻油又称芝麻油、香油，是用芝麻的种子（芝麻仁）经过烘焙加热后压榨提炼的植物性油脂，由于加工的方法不同，有冷压、大槽、小磨香油，色泽呈棕红色，香油中有挥发性极其强烈的呈味物质乙酰吡啶和糖醇、酚类等物质，由于挥发特性，适宜凉拌、馅料的调味和热菜盛装前使用。麻油的性质稳定不易腐败变质的原因是其内部含有抗氧化作用的芝麻酚和磷脂。

（2）味精。味精是日常普遍使用的鲜味调料。其主要成分为谷氨酸钠。普通味精是一种稳定性较强的无毒无害的化合物，无色无味，呈结晶颗粒状或粉末状，有鲜味和咸味。普通味精在溶液中使用最好，溶解度随温度的升高而升高，普通味精在酸性溶解的条件下离解度最大，在碱性条件下可转化为谷氨二钠而失去鲜味，故不宜在碱性溶液中使用。由于人体对鲜味的感觉较弱，因此普通味精只有在咸味的作用下才能够显出魅力。注意，不宜在过酸、过辣及甜食鲜味较重的菜肴中使用。超高温长时间在脱水的情况下加热会有微量的焦谷氨酸钠生成，会失去提鲜的作用。过多使用味精会使人的口腔中产生一种不良的腻涩感觉，会增加菜肴的咸味。

（3）芫荽。即香菜，为伞形科芫荽的带根全草。有特殊浓郁香味，质地柔嫩。烹调中常用作拌、蒸、烧等菜品中牛、羊肉类菜的良好佐料；亦可凉拌或兑作调料、制作馅心；还可用于火锅类菜肴的调味以及菜肴的装饰、点缀。

（4）胡椒。又称大川、古月，为胡椒科的藤本植物，以干燥果实及种子供调味用。胡椒分白胡椒和黑胡椒两类。黑胡椒是把刚成熟或未完全成熟的果实堆积发酵1～2天，当颜色变成黑褐色时干燥而成。气味芳香，有刺激性，味辛辣；白胡椒是将成熟变红的果实采收，经水浸去皮后干燥而成。此外，还有绿胡椒，即是将未成熟的果实采摘下来，浸泡在盐水、醋里或冻干保存而得。

胡椒在烹调中的运用：烹饪应用中，胡椒有整粒、碎粒和粉状三种使用形式，但由于种子坚硬，粒状的胡椒压碎后多用于煮、炖、卤等烹制方法，更多的是加工成胡椒粉运用。胡椒粉的香辛气味易挥发，因此，保存时间不宜太长。胡椒适用于咸鲜或清香类菜肴、汤羹、面点、小吃中，起增辣、去异味、增香鲜的作用，如清汤抄手、清炒鳝糊、白味肥肠粉、煮鲫鱼汤等。另外，胡椒还是热菜"酸辣味"的主要调料，也可用于肉类的腌制。

八、烹饪文化

米醋的传说

米醋被列为"开门七件事"（柴、米、油、盐、酱、醋、茶）之一，而今已成为全世界人们饮食所不可缺的醋，是由中国人发明的。

传说米醋是酿酒鼻祖、五千年前夏朝的杜康工作"失误"的产物，如果说酿酒是杜康的精心发明，那么制醋则属其偶然之中所得。

据传，在一次酿酒时，一向下料如神、一粒米不多半颗饭不少的杜康，不知为什么淘米多了一些，蒸好的饭拌倒入缸后，尚剩些许，他顺手弃之于大酒缸旁一只已不再作酿酒之用的小缸内，以后也没有再管它。

不料，二旬后黄昏时，杜康经过此缸时，忽然闻到一股香甘酸醇的特殊气味扑鼻而来。他好奇地走近小缸，伸手指沾指一尝，虽然不是一般的酒味，但给人另外一种鲜美爽口的特殊感觉。杜康心想，这东西喝是不成的，但用来拌菜和煮汤如何呢？很值得一试。于是就唤来徒弟们，用它干拌了一盆黄瓜又煮了一盆鲫鱼汤来试试。弄好后大家一尝，无不拍手齐声叫好。但这又酸又甜又微苦的液体叫什么名字好呢？一位徒弟说："它既是酒又不是酒，且是从那小缸中酿出来的，为了区分，就叫它'小酒'吧！"（至今闽西、粤东和川、湘一些地区仍称醋为"小酒"）杜康觉得此名虽也有理，但似嫌俚俗，于是他略为沉思后说道，这"小酒"是入缸后第二十一天的傍晚（即古称之"酉时"）成熟后被发现的，合而称之为"醋"不是很好吗？

众徒一听，又是一阵拍掌称妙。于是"醋"的名字就这样敲定了（至今民间小作坊和农家自酿米醋，仍遵第二十一日酉时开缸揭盖出醋的古法）。

制成醋后，杜康的作坊既酿酒卖酒，也制醋售醋，此物便迅速在九州大地流传。人们在食用醋的实践中，不断发现它有着许多奇妙的功能，如既香又甜还略带苦味，不但本身滋味美，而且用于烹调，既能保持营养成分和加快肉类成熟或酥烂；又可去腥臊、解油腻；还能调和与增益百味，如使肉类更加鲜醇，令咸、甜、辛、辣、麻诸味趋于和谐、适口。在保健养生方面，醋可以醒脾开胃，增进食欲，促进唾液分泌和提高胃液酸度，促进脂肪、蛋白质和淀粉的分解，有助于消化吸收。醋外敷能疗烧烫伤、关节炎、腋臭和癣，内服可驱蛔虫，对高血压、肝炎、感冒、疟疾、火痢等均有一定疗效。

九、任务检测

（一）知识检测

1．初步熟处理——滑油

滑油是温油锅对原料加热处理的一种方法。将加工整理或切配成型的食物原料，采用

_____、_____包裹_____，投入温油锅内加热处理成熟。

2. 滑油的操作过程

铁锅擦净烧热→加入食油→加热_____成热→投入原料_____成熟→捞出控油备用。

3. 掌握火候的一般原则

（1）质嫩、形小的烹调原料，一般采用_____、_____时间加热。

（2）成菜质地要求脆、嫩的，一般采用_____、_____时间加热。

（3）需要快速操作，短时间成菜的烹调方法，一般采用_____、_____时间加热。

（4）_____是原料中的主料经过沸汤、滑油热处理后加入配料兑汁烹制的一种烹调方法。可分为_____、_____、_____、_____、_____、_____等。

（二）拓展练习

课后练习制作芫爆鸡条，试用其他原料制作如图 5-1-3 所示的此类菜肴。

图 5-1-3 芫爆类菜肴
（a）芫爆百叶；（b）芫爆散丹；（c）芫爆鱿鱼

任务二 油爆——宫保鸡丁的处理与烹制

一、任务描述

在炒锅环境中,在打荷厨师的配合下,运用"油爆"技法完成四川名菜"宫保鸡丁"的烹制。

二、学习目标

(1) 了解花生米、干辣椒、辣椒油的原料知识及使用常识。
(2) 会鉴别"急火",并熟练运用。
(3) 能准确鉴别与运用五六成热油温。
(4) 能够使用勺工技术"小翻勺""翻拌法",会用"油爆"技法完成"宫保鸡丁"的制作,用"拨入式"手法进行装盘。
(5) 炒锅和打荷岗位沟通顺畅;安全意识较强,卫生习惯较好。

三、成品质量标准

宫保鸡丁成品如图 5-2-1 所示。

专业术语
利汁抱芡:又称"抱芡"。成菜特征为芡汁均匀地抱在原料上,不粘连,不流芡,食后以盘底见油不见芡为佳。

色泽棕红光润,口味麻辣咸鲜酸甜,小荔枝味浓郁,糊辣香型。质感为主料滑嫩,配料酥脆。芡汁利汁抱芡,有红油渗出。

图 5-2-1 宫保鸡丁成品

四、知识技能准备

(一) 烹调技法知识——油爆

1. 定义
油爆是原料中的主料经滑油初步热处理后,再适量油锅中兑汁的一种烹调方法。

2. 操作要求
(1) 选用质地较脆嫩、软中带有韧劲的动物性原料,注意,应选用相应质地的配料。

(2) 一般加工成小型或花刀处理出的原料。
(3) 芡汁以包汁芡为主。
(4) 油爆忌用深色调料，成品色泽清淡和谐。

（二）技术关键

(1) 码味清淡、腌制均匀。
(2) 滑油时应同时迅速下勺，避免成熟得不均匀。
(3) 刀工均匀一致。
(4) 油温应根据烹饪原料性质差异灵活掌握。
(5) 芡汁利落，炒后盘中不可渗出汁来。
(6) 炒时迅速简捷，时间过长易老易出汁。

（三）工艺提示

(1) 最好用嫩公鸡肉，鸡肉要拍松，剖后切丁，便于入味。
(2) 调味时要以足够的盐作底味，酸味应稍重于甜味。
(3) 姜、葱、蒜仅取其辛香，用量不应过重。
(4) 干辣椒以炒至色呈棕红为宜，鸡丁上芡宜厚，滋汁用芡宜薄。花生米不宜早下锅。
(5) 此菜也有吃糊辣咸鲜味的，滋汁中不加或微加白糖、米醋。
(6) 如法可制宫保大虾、宫保鲜贝、宫保腰块、宫保肉丁、宫保兔丁等。

👨‍🍳 五、工作过程

开档→组配原料→加工原料（炸辣椒油、鸡丁上浆、炸花生米、调兑碗芡）→烹制成菜→成品装盘→菜肴整理→收档。

（一）准备工具

按照本单元要求进行打荷与炒锅开档工作；按照工作任务需求准备常规工具。

1. 炒锅岗位准备工具

带手布、洗涤灵、铁锅、量杯、手勺、漏勺、油鹽子、油隔、筷子、保鲜膜、保鲜盒、生料盆、品尝勺。

2. 打荷岗位准备工具

不锈钢刀具、砧板、一尺长方盘、消毒毛巾、筷子、餐巾纸、食品雕刻刀、剪刀、料盆、餐具、盆、马斗、带手布、调料罐、保鲜盒、保鲜膜。

（二）制作过程

1. 原料准备

打荷岗位与炒锅岗位配合领取并备齐宫保鸡丁所需主料、配料和调料，见表5-2-1和

表5-2-2。

表5-2-1 准备热菜所需主料、配料

菜肴名称	数量/份	准备主料		准备配料		准备料头		盛器规格
		名称	数量/克	名称	数量/克	名称	数量/克	
宫保鸡丁	1	鸡腿肉	250	花生米	80	辣椒面	5	八寸圆盘
						花椒	5	
				鸡蛋清	40	干辣椒	15	
						葱	50	
						姜	15	
						蒜	20	

表5-2-2 准备热菜调味(复合味)——荔枝味汁(也称"宫保汁")(1份)

调味品名	数量/克	风味要求
料酒	20	
精盐	2	
味精	2	
酱油	30	色泽棕红光润,口味麻辣咸鲜酸甜,芡汁利汁抱芡
白糖	20	
米醋	15	
毛汤或清水	30	
湿淀粉	30	
色拉油	150(实耗60)	

2. 菜肴组配过程

菜肴组配过程见表5-2-3～表5-2-5。

表5-2-3 菜肴组配过程(一)

图示	 打荷岗位完成原料组配
说明	鸡腿肉,大葱去老叶,姜刮去老皮,蒜剥去表皮,香菜择去大叶并洗净。 技术要点:应选用新鲜肉厚的子公鸡腿肉,去除筋膜、油脂,用清水浸泡漂去血污。花椒、干辣椒用湿布擦干净,以免影响菜肴清洁

表 5-2-4 菜肴组配过程（二）

图示	 打荷岗位完成	 炒锅岗位完成花生米炸制
说明	花生米涨发：花生米放入小盆中，倒入开水加盖焖泡15分钟后去皮	炒勺置中火上烧热，放宽油烧至四五成热时，下入温油中浸炸至牙黄色及酥脆，控油后放入垫有吸油纸的方盘中晾凉，再迅速捞出控油待用

小贴士：鸡肉的鉴别

（1）肌肉：新鲜的家禽肌肉结实有弹性，稍湿不黏。不新鲜的家禽肌肉弹性变小，用手按后有指痕，有酸臭味。腐败的家禽肌肉无弹性，有浓重的腐败味。

（2）脂肪：新鲜的家禽脂肪呈白色或淡黄色，有光泽，无异味。不新鲜的家禽脂肪无光泽，稍带异味。腐败家禽的脂肪呈淡灰色或淡绿色，有明显酸臭味。

炸制花生米技术要点

（1）花生要放在较深的盆中，一定要加沸水，迅速用盘子盖严压实焖泡，使花生充分涨发，炸制后的口感才酥脆，低水温涨发的花生米，炸制后口感硬实，无酥脆感。

（2）由于花生含脂肪和蛋白质较多，同其他坚果相似，炸制时极易上色或变糊，因此不要炸至金黄色；否则，控油晾置时会继续上色，变成巧克力豆的颜色，并且口味发苦。

表 5-2-5 菜肴组配过程（三）

图示	 打荷岗位完成	 打荷岗位完成	 打荷岗位完成
说明	辣椒油的炸制——辣椒面放入小碗中，用六成热的油冲出红油和香味。干辣椒去蒂，一开为二，去籽，花椒去籽	上浆——鸡腿肉切成1.2厘米见方的丁，加入料酒、精盐、味精、酱油，确定好"底口"，搅拌均匀，再放入鸡蛋清、湿淀粉搅拌至"吃浆上劲"	配菜组合——将鸡丁、花生米、辣椒、花椒、葱节、姜片、蒜片和辣椒面分别放在配菜器皿中

选辣椒面、上浆技术要点

（1）辣椒面要选用较细的品种，冲泼辣椒面时油温不可高于六成热，并用手勺分四五次将油冲入，用小勺或筷子边浇边搅拌。

（2）主料上浆，浆液要稀稠、薄厚适度，充分吃浆上劲。

小贴士

油炸原料不能覆盖密封，因为密封会使原料内部由于内外温度差异产生湿气，使油炸原料回软,失去脆感。

专业术语

"吃浆上劲"是指加工成型的小型原料,在上浆时,顺一个方向搅拌,使一部分浆液渗透到原料肌肉纤维里,一部分则黏附在原料表面上,待原料滋润起黏性的状态。

蛋清浆(1份)配比见表5-2-6。

表5-2-6 蛋清浆(1份)配比

调味品名	数量/克	质量标准
鸡蛋清	40	行业用语:薄为浆,厚为糊。上浆要薄如透明的绸子,光亮滋润,充分拌匀,吃浆上劲,不出水
湿淀粉	25	

3. 烹制菜肴

烹制菜肴见表5-2-7。

表5-2-7 烹制菜肴

图示	炒锅岗位完成	炒锅岗位完成	炒锅岗位完成
说明	调兑碗芡:将料酒、酱油、精盐、白糖、米醋、味精、香油、毛汤、湿淀粉放入碗中,调成酸甜咸鲜适中的碗芡	烹调成菜:炒勺上火,热时投入底油,下干辣椒、花椒浸炸,待辣椒炸至棕色,浸出香味和麻辣味	炒锅厨师将煸锅刷净,下入鸡丁,用中火煸至断生,放辣椒粉煸出香味,下一半葱片、姜片和蒜片煸出香味。鸡丁下锅前可放一点熟油,以免粘连
图示	炒锅岗位完成	炒锅岗位完成	炒锅岗位完成
说明	烹入料酒,倾入碗芡,用旺火迅速翻炒,芡汁熟透发亮并均匀包裹住原料后,下花生米及另一半葱片,烹几滴醋,大火迅速翻拌均匀即可装盘,堆成山形	碗芡倒入后是否可以马上搅动?为什么? 请观察原料变化	下花生米及另一半葱片,烹几滴醋,大火迅速翻拌均匀即可装盘,堆成山形

烹制菜肴技术要点

（1）应注意糖醋的用量，不可过甜或过酸；酱油适中，过多过少都会影响菜肴的色泽；水淀粉不要过少，否则难以达到利汁抱芡的成菜要求。

（2）煸炒前要将炒勺上火烧热并用油润好，以免原料粘锅。炸辣椒、花椒时，不要操之过急，待炸出麻辣味和上色后才可下入鸡丁。

（3）煸炒鸡丁时要用手勺勤煸散煸，使鸡丁均匀受热，防止相互粘连和夹生。

（4）辣椒要炸成棕红色，欠火只辣不香。煸辣椒面时，火力不要过大，否则辣椒面易糊。

（5）应注意米醋和白糖的用量。醋要多于白糖，成菜后酸味略重于甜味。

小贴士

（1）碗汁——只将所需的调味品和汤放碗内调和预制，根据需要适时地烹入勺内，用于缩短成菜时间。

（2）炒制过程要求一气呵成，速度慢会影响菜肴的香味和质感。

4．成品装盘与整理装饰

成品装盘与整理装饰见表 5-2-8。

表 5-2-8　成品装盘与整理装饰

图示	说明
 炒锅与打荷岗位协作完成成品装盘	菜肴采用"盛入法"呈堆落状装入出菜盘中，打荷厨师进行菜肴整理

（三）打荷与炒锅收档

打荷与炒锅配合协作完成收档工作。

（1）依据小组分工对剩余的主料、配料、调料进行妥善保存，容易变质的原料封保鲜膜放入冰箱保存，温度为 0～4 摄氏度；清理卫生，整理工作区域。

（2）依据小组分工对工作区域的设备、工具进行清洗，所有物品经整理后放回原处并码放整齐。

（3）厨余垃圾分类后送到指定垃圾站点。

（四）工作任务评价

宫保鸡丁的处理与烹制工作任务评价见表 5-2-9。

表 5-2-9　宫保鸡丁的处理与烹制工作任务评价

项目	配分/分	评价标准
刀工	15	1.2厘米见方的鸡丁
口味	25	咸鲜麻辣酸甜
色泽	10	色彩棕红润泽
汁、芡、油量	20	利汁抱芡、红油渗出约1.5厘米
火候	20	口感主料滑嫩、配料酥脆
装盘（八寸圆盘）	10	主料鸡丁突出，盘边无油迹，成品菜肴堆成山形；盘饰卫生、点缀合理、美观、有新意

六、油爆鱿鱼卷的处理与烹制

（一）成品质量标准

油爆鱿鱼卷成品如图5-2-2所示。

色泽白亮光润，麦穗花刀造型逼真、美观，口味咸鲜香，口感滑嫩、爽脆，芡汁利汁抱芡。

图 5-2-2　油爆鱿鱼卷成品

（二）准备工具

参照宫保鸡丁准备工具。

（三）制作过程

1. 原料准备

按照岗位分工准备菜肴油爆鱿鱼卷所需原料（参照宫保鸡丁），见表5-2-10和表5-2-11。

表 5-2-10　准备热菜所需主料、配料

菜肴名称	数量/份	准备主料		准备配料		准备料头		盛器规格
		名称	数量/克	名称	数量/克	名称	数量/克	
油爆鱿鱼卷	1	碱发鱿鱼	250	青椒	50	葱	10	九寸方盘
				红椒	20	姜	2	
				洋葱	15	蒜	10	

表 5-2-11　准备热菜调味（单一味）——咸鲜味汁（1份）

调味品名	数量/克	风味要求
料酒	5	
精盐	2	
味精	2	色泽白亮光润，麦穗花刀造型逼真、美观，口味咸鲜香，口感滑嫩、爽脆，芡汁利汁抱芡
毛汤或清水	30	
湿淀粉	30	
色拉油	150（实耗25）	

2. 菜肴组配过程

打荷岗位完成配菜组合操作步骤。

鱿鱼去膜洗净，剖"麦穗花刀"，再改刀成约 5 厘米长、4 厘米宽的长方形。剖鱿鱼时要深浅一致。青红椒去籽去筋。大葱去老叶留葱白，姜刮去老皮，大蒜剥去外皮，洗净。

葱切细丝、姜切细丝、蒜切小片，青红椒切小菱形片，洋葱切三角块。

3. 烹制菜肴

炒锅岗位完成操作步骤。

（1）调制碗芡。

将葱、姜、蒜、料酒、精盐、味精、胡椒粉、香油、毛汤、米醋、湿淀粉调入碗中。

（2）初步熟处理：鱿鱼焯水成卷。

（3）入七成热油中过熟（配料放漏勺里，用热油浇熟）。

（4）炒勺上火，热时投入主配料，烹味汁。

（5）大火迅速翻拌均匀，淋少许明油即可。

4. 成品装盘与整理装饰

参照主任务宫保鸡丁的处理与烹制。

5. 打荷与炒锅收档

参照主任务宫保鸡丁的处理与烹制，打荷与炒锅配合协作完成收档工作。

（四）工作任务评价

油爆鱿鱼卷的处理与烹制工作任务评价见表 5-2-12。

表 5-2-12　油爆鱿鱼卷的处理与烹制工作任务评价

项目	配分/分	评价标准
主料成型规格	15	长 5 厘米、粗 4 厘米的长方形；麦穗花刀造型逼真、美观、大小一致
口味	25	口味咸鲜香
色泽	10	色泽白亮光润
汁、芡、油量	20	芡汁均匀包裹原料、清爽利落，盘底无汁无油
火候	20	口感滑嫩、爽脆
装盘（九寸方盘）	10	鱿鱼花突出，盘边无油迹，成型好；盘饰卫生、点缀合理、美观、有新意

七、专业知识拓展

（一）烹调技法知识——油爆

1. 定义

油爆是原料中的主料经滑油初步热处理后，再放入油锅中兑汁烹制的一种烹调方法。

2．操作要求

（1）选用质地较脆嫩、软中带有韧劲的动物性原料，另选用相应质地的配料。

（2）一般加工成小型或花刀处理出的原料。

（3）芡汁以包汁芡为主。

（4）油爆忌用深色调料，成品色泽清淡和谐。

3．适用范围

鲜鱿、墨鱼、牛肚、羊肚、鸡胗、鸭胗、大肠、猪肚等。

4．技术关键

（1）码味清淡、腌制均匀。

（2）滑油时应同时迅速下勺，避免成熟不均匀。

（3）刀工均匀一致。

（4）油温应根据烹饪原料性质差异灵活掌握。

（5）芡汁利落，炒后盘中不可渗出汁来。

（6）炒时迅速简捷，时间过长易老易出汁。

（二）怎样淋油

菜肴烹调成熟，在出勺之前，常常要淋一点油，淋油的主要作用如下：

（1）增色。烹制扒三白、芙蓉鸡片成品呈白色，如淋入几滴黄色鸡油，就能衬托出主料的洁白。又如梅花虾饼，淋入适量的番茄油，会使主料的色泽更加鲜红明快。

（2）增香。有些菜肴烹制完成后，淋入适量的调味油，可增加菜肴的香味，如红烧鲈鱼，出勺前要淋入麻油增香。葱烧海参出勺前淋入适量的葱油，会使葱香四溢，引起人的食欲。

（3）增味。有些菜肴通过淋油，可以突出其特殊风味，如辣汁鸡丁，出勺前淋入红油（辣椒油），使成品咸辣适口。红油豆腐，也要淋入红油；否则就可能失去风味。

（4）增亮。用溜、爆、扒、烧等方法烹制的菜肴，经勾芡后，淋入适量的调味油，可使菜肴表面的亮度增加，如干烧鱼做成后，将勺内余汁淋上麻油浇于主料上，其亮度犹如镜面一般，使菜肴更美观。

（5）增滑。减少菜肴与炒勺的磨擦，增加润滑，便于大翻勺，使菜不散不碎，保持菜形美观。淋油时应该注意的问题如下：

①淋油一定要在菜肴的芡汁成熟后再淋入，否则会使菜解芡，色泽发暗，并带有生粉味。

②淋油要适量，太多易使芡脱落。

③淋油要根据菜肴的色泽和口味要求，通常白色、黄色和口味清淡的菜淋入鸡油，红色、黑色菜淋入麻油，辣味的菜要淋入红油。

（三）原料营养知识

鱿鱼（鲜）：鱿鱼富含钙、磷、铁元素，利于骨骼发育和造血，能有效治疗贫血；除富含蛋白质和人体所需的氨基酸外，鱿鱼还含有大量的牛磺酸，可抑制血液中胆固醇的含量升高，缓解疲劳，恢复视力，改善肝脏功能。

鱿鱼之类的水产品性质寒凉，脾胃虚寒的人应少吃；鱿鱼含胆固醇较多，故高血脂、高胆固醇血症、动脉硬化等心血管病及肝病患者应慎食；鱿鱼是发物，患有湿疹、荨麻疹等病的人忌食。

（四）烹调操作

1. 烹调基本功的主要内容

（1）投料准确适时。
（2）挂糊、上浆适度均匀。
（3）正确识别和运用油温。
（4）灵活掌握火候。
（5）勾芡恰当、适度。
（6）勺功熟练，翻锅自如。
（7）出菜及时，动作优美。
（8）装盘熟练，成型美观。

2. 烹调操作的一般要求

（1）注意锻炼身体，增强体力和耐力，特别要加强臂力训练。
（2）操作姿势要正确而自然，只有这样才能提高工作效率。
（3）熟悉各种设备及工具的正确使用方法与保养方法，并能灵活运用。
（4）操作时必须思想集中，动作敏捷、灵活，注意安全。
（5）取放调味品干净利落，并随时保持台面及用具整洁，注意个人卫生和食品卫生。

（五）辣椒的用法

辣椒是一种辣味调料，运用形式有干辣椒、辣椒面、辣椒油、泡辣椒及辣椒酱等。

（1）运用形式。干辣椒切段炝锅作为炝爆菜品的调味料，如宫保肉丁、炝炒土豆丝等；将干辣椒剪成节，炒干、酥，磨制而成的粉状原料是辣椒面，可用于凉菜和热菜的调味；用油脂将其辣椒面中的呈香、辣和色的物质提炼出来的油状调味品称辣椒油，主要用于凉菜和味碟；当辣椒果实由青转红时，可将其腌制成泡辣椒，为调制鱼香味的主要调料；将新鲜红辣椒剁细或磨成末，用于菜品调味或作味碟；而四川特有的辣椒酱即豆瓣酱是将红辣椒剁细后，加入或不加蚕豆瓣，再加入花椒、精盐、色拉油等配料和调味料，然后装坛经过发酵而制成，为制作麻婆豆腐、豆瓣鱼、回锅肉等菜肴及调制"家常味"必备的调料；鲊辣椒是将红辣椒剁细，与糯米粉、粳米粉、精盐等调味原料拌和均匀后装坛密封发酵而成的，辣香中带酸味，可直接炒食或作配料运用。

（2）在烹调中的作用。辣椒在烹调中具有为菜品增色、提辣、增香的作用，常用于调制多种复合味型，如红油味、糊辣味、鱼香味、家常味。单独使用时以多种形式用在炝、炒、烧、炸、蒸、拌等菜肴中起增色、增香和赋辣的作用。

由于辣椒呈色、呈香的物质为脂溶性的，易溶于油脂，微溶于热水中；在水中加热不易被破坏，但在油中加热易被破坏。所以要出辣、出色和出香应用油脂提炼，但油温不宜过高；否则失味、失香且成色不佳。

八、烹饪文化

宫保鸡丁

（一）宫保名称的由来

宫保是明清时代对位居"三公"的尊称（太师、太傅、太保）。据清末官场规矩，能够荣任二品以上大员的人，则赐太子少保头衔，简称"宫保"。

（二）宫保鸡丁的出处

（1）一种比较肯定的说法，见《中国烹饪百科全书——地方风味篇——四川菜》。

宫保鸡丁是四川传统名菜，由鸡丁、干辣椒、花生米等炒制而成，传说是清末宫保丁宝桢的家厨创制而得名。

（2）由鲁菜改变为川菜的说法。丁宝桢讲究烹调，任山东巡抚时曾雇佣名厨数十人，请客时常有"炒鸡丁"一菜，后调任四川，便将此菜引入四川，随即与四川嗜辣的习俗相结合，并加以改进、发展，以此菜宴客倍受欢迎，后烹制方法泄露出去，被民间餐馆采纳经营。丁宝桢，贵州省织金县人，生于1820年，卒于1886年，清咸丰三年进士，56岁（1876年）时由山东巡抚转升任四川总督，官居二品，朝廷追赠"太子太保"，尊称为"丁宫保"，人们因其曾不畏慈禧太后强权，怒杀太监安德海，将其喜爱的菜肴传称为"宫保鸡丁"。

（三）特定含义

"宫保鸡丁"中的"宫保"作为川菜中独有的味型，已有其在用料、用味上的特定含义：原料中必须使用油酥花仁和干辣椒节，味必须是辣型荔枝味。宫保菜式，除贵州以糍粑辣椒为之外，全国各地皆以川菜工艺作为标准。

宫保、鱼香、家常三种味型为川菜所独创，三种菜式皆有辣味，而辣味又有所不同，宫保用辣椒节炸香，突出糊辣味；鱼香用泡辣椒入菜，突出泡辣椒特有的酸辣味；家常用郫县豆瓣酱煸香，突出豆瓣辣味。所谓"一菜一格，百菜百味"。

九、任务检测

（一）知识检测

1. 油爆的操作要求

（1）选用质地较_____、软中带有韧劲的_____原料，另外选用相应质地的配料。

(2) 一般加工成_____或_____处理出的原料。

(3) 芡汁以包汁芡为主。

(4) 油爆忌用_____调料，成品色泽清淡和谐。

2. 淋油时应该注意的问题

淋油一定要在菜肴的芡汁成熟后再淋入，否则会使菜解芡，色泽发暗，并带有_____；淋油要适量，太多易使芡_____；淋油要根据菜肴的_____和_____要求，一般来说，白色、黄色和口味清淡的菜淋入_____油，红色、黑色菜淋入_____油，辣味的菜要淋入_____油。

（二）拓展练习

课后试用其他原料尝试制作如图 5-2-3 所示的宫保、油爆类菜肴。

图 5-2-3 宫保、油爆类菜肴
(a) 宫保腰花；(b) 宫保虾球；(c) 油爆螺片；(d) 油爆双脆

任务三 酱爆——酱爆鸡丁的处理与烹制

一、任务描述

在炒锅环境中，在打荷厨师的配合下，运用"酱爆"技法完成北京名菜"酱爆鸡丁"的烹制。

二、学习目标

（1）了解甜面酱、黄酱的调料知识及使用常识。
（2）能准确鉴别并熟练综合使用"慢火"与"急火"烹制菜肴。
（3）能正确鉴别与运用三四成热油温。
（4）能够使用勺工技术"小翻勺""翻拌法"，运用"酱爆"技法完成"酱爆鸡丁"的制作，并用"盛入式"手法进行装盘。
（5）炒锅和打荷岗位沟通顺畅，安全意识较强，卫生习惯较好。

三、成品质量标准

酱爆鸡丁成品如图 5-3-1 所示。

色泽枣红光润，口味咸中带甜，酱香浓郁，芡汁不用勾芡，酱汁紧抱，质感软嫩。

图 5-3-1　酱爆鸡丁成品

四、知识技能准备

（一）烹调技法知识——酱爆、葱爆

1．定义

将主材料挂糊，用温油锅炸后再用甜面酱调味而爆，同时浇汁，称为"酱爆"。

2．操作要求

（1）采用急火，操作速度快，成菜迅速。
（2）主料要先初步加热处理，一般采用碗内兑调味粉汁。
（3）成品勾包芡，加浮油，原料质地脆嫩或软嫩，芡紧包原料而油亮，菜肴吃完后盘内无汤汁。

（二）技术关键

（1）上浆是防止原料在滑炒过程中失水退嫩，以保证菜品软嫩鲜美，着衣要均匀结实，此菜上浆不宜过薄。

（2）码味清淡、腌制均匀。

（3）滑油时应分散下勺，料中可拌少量油避免粘连。

（4）刀工均匀一致。

（5）油温应根据烹饪原料性质差异灵活掌握。

（6）口味咸甜适中，只有反复琢磨练习才能达到要求。

（7）煸酱时，火候油温要灵活运用，酱的标准是均匀亮泽无颗粒，均匀地裹住鸡丁，以上不溜酱为准。

（三）工艺提示

（1）此菜应特别注重火候，火大了酱易煳、发苦，火小了酱又挂不到鸡丁上。吃完菜肴后盘内只有油而没有酱，是这一名菜的特色。

（2）因有鸡丁过油过程，需准备色拉油300克。

（3）炒酱时，酱刚下锅就发出"哗哗"的响声，等响声变得极其微小时，水分就基本上炒干了。

（4）酱的数量一般以相应于主料的1/5为宜，炒酱用油以相当于酱的1/2强为宜，如果油多酱少，不易包住主料，油少酱多，则易粘锅。

（5）通常在酱炒出香味时才放入白糖，这样既可增加菜肴的香味，又能增加菜肴的光泽。

五、工作过程

开档→组配原料→加工原料（鸡丁上浆、马蹄焯水）→烹制成菜→成品装盘→菜肴整理→收档。

（一）准备工具

按照本单元要求进行打荷与炒锅开档工作；按照工作任务需求准备常规工具。

1. 炒锅岗位准备工具

带手布、洗涤灵、铁锅、量杯、手勺、漏勺、油罐子、油隔、筷子、保鲜膜、保鲜盒、生料盆、品尝勺。

2. 打荷岗位准备工具

不锈钢刀具、砧板、一尺长方盘、消毒毛巾、筷子、餐巾纸、食品雕刻刀、剪刀、料盆、餐具、盆、马斗、带手布、调料罐、保鲜盒、保鲜膜。

（二）制作过程

1. 原料准备

打荷岗位与炒锅岗位配合领取并备齐酱爆鸡丁所需主料、配料和调料，见表5-3-1和表5-3-2。

表 5-3-1　热菜所需主料、配料

菜肴名称	数量/份	准备主料		准备配料		准备料头		盛器规格
		名称	数量/克	名称	数量/克	名称	数量/克	
酱爆鸡丁	1	鸡腿肉	200	马蹄	50	甜面酱	10	八寸圆盘
				青蒜	10	黄酱	8	
				鸡蛋清	40	葱末	10	

表 5-3-2　准备热菜调味（复合味）——酱香味型（也称"京酱味型"）（1份）

调味品名	数量/克	风味要求
姜汁	5	
料酒	20	
精盐	1	
味精	1	
酱油	15	色泽枣红光润，口味咸中带甜，芡汁不用勾芡，酱汁紧
白糖	20	
香油	3	
胡椒粉	1	
毛汤或清水	30	
色拉油	300（实耗60）	

2. 菜肴组配过程

菜肴组配过程见表5-3-3。

表 5-3-3　菜肴组配过程

图示	打荷岗位完成配菜组合	打荷岗位完成
说明	鸡脯肉去尽筋络，反复漂洗。在鸡脯肉表面剞上十字花刀，再切成均匀1.2厘米见方的丁。马蹄切成1厘米见方的丁，先用开水焯透，再用冷水冲凉。	鸡丁码味上浆——鸡丁放碗中，加盐、味精、料酒入味，再加入鸡蛋清、湿淀粉搅拌均匀、吃浆上劲。

蛋清浆（1份）配比见表5-3-4。

表5-3-4　蛋清浆（1份）配比

调味品名	数量/克	质量标准
鸡蛋清	40	行业用语：薄为浆，厚为糊。上浆要薄如透明的绸子，光亮滋润，充分拌匀，吃浆上劲，不出水
湿淀粉	25	

3．烹制菜肴

烹制菜肴见表5-3-5。

表5-3-5　烹制菜肴

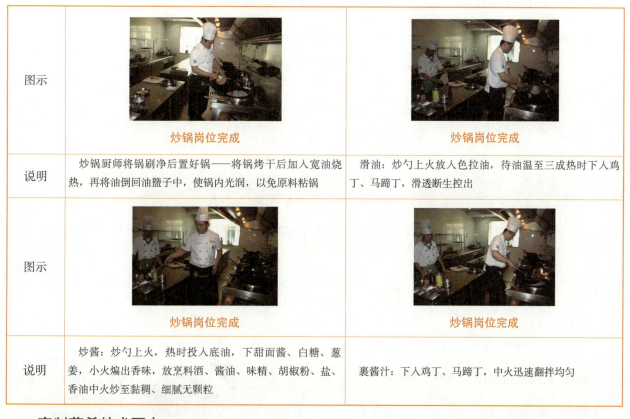

图示	炒锅岗位完成	炒锅岗位完成
说明	炒锅厨师将锅刷净后置好锅——将锅烤干后加入宽油烧热，再将油倒回油盥子中，使锅内光润，以免原料粘锅	滑油：炒勺上火放入色拉油，待油温至三成热时下入鸡丁、马蹄丁，滑透断生控出
图示	炒锅岗位完成	炒锅岗位完成
说明	炒酱：炒勺上火，热时投入底油，下甜面酱、白糖、葱姜，小火煸出香味，放烹料酒、酱油、味精、胡椒粉、盐，香油中火炒至黏稠、细腻无颗粒	裹酱汁：下入鸡丁、马蹄丁，中火迅速翻拌均匀

烹制菜肴技术要点

（1）炒酱可用甜面酱，传统做法用黄酱。此菜突出咸味，而以甜味为辅。

（2）炒酱时加1汤匙水、料酒、1/3汤匙量的酱油、味精、胡椒粉，不停搅拌，在上火和撤火之间来回翻炒，让酱出现小碎泡。

（3）裹酱汁时，注意手勺与炒锅的协调配合，要边晃锅边搅拌，同时用手勺背轻碾鸡丁，使酱汁均匀地裹在菜肴表面。

4．成品装盘与整理装饰

成品装盘与整理装饰如图5-3-2所示。

专业术语

断生：是指烹饪原料在加热过程中刚至熟的程度。

炒锅与打荷岗位共同完成

打荷配合炒锅厨师出菜并装饰整理，采用扣入法将菜肴装盘。

图5-3-2　成品装盘与整理装饰

(三)打荷与炒锅收档

打荷与炒锅配合协作完成收档工作。

(1)依据小组分工对剩余的主料、配料、调料进行妥善保存,容易变质的原料封保鲜膜放入冰箱保存,温度为0~4摄氏度;清理卫生,整理工作区域。

(2)依据小组分工对工作区域的设备、工具进行清洗,所有物品经整理后放回原处并码放整齐。

(3)厨余垃圾经分类后送到指定垃圾站点。

(四)工作任务评价

酱爆鸡丁的处理与烹制工作任务评价见表5-3-6。

表5-3-6 酱爆鸡丁的处理与烹制工作任务评价

项目	配分/分	评价标准
刀工	15	1.2厘米见方的鸡丁
口味	25	咸、甜,酱香浓郁
色泽	10	色泽枣红、滋润明亮
汁、芡、油量	20	芡汁不用勾芡,酱汁紧抱;做到吃完菜肴后盘内只有油而没有酱
火候	20	鸡丁质地滑嫩;甜面酱黏稠、细腻、无颗粒
装盘(八寸圆盘)	10	主料突出,盘边无油迹,成型好;盘饰卫生、点缀合理、美观、有新意

六、葱爆羊肉的处理与烹制

(一)成品质量标准

葱爆羊肉成品如图5-3-3所示。

色泽浅棕褐色,口味咸鲜微酸,葱香浓郁,口感羊肉软嫩、葱白脆嫩断生,略有清汁,不勾芡。

图5-3-3 葱爆羊肉成品

(二)准备工具

参照酱爆鸡丁准备工具。

(三)制作过程

1. 原料准备

按照岗位分工准备菜肴葱爆羊肉所需原料(参照酱爆鸡丁),见表5-3-7和表5-3-8。

表5-3-7 准备热菜所需主料、配料

菜肴名称	数量/份	准备主料		准备配料		准备料头		盛器规格
		名称	数量/克	名称	数量/克	名称	数量	
葱爆羊肉	1	羊腿肉(或羊里脊)	250	葱	100	无	无	八寸圆盘

表 5-3-8 准备热菜调味（复合味）——葱爆味型（1 份）

调味品名	数量 / 克	风味要求
米醋	10	色泽浅棕褐色，口味咸鲜微酸，葱香浓郁，口感鲜嫩
料酒	20	
精盐	1	
味精	1	
酱油	15	
白糖	5	
香油	5	
胡椒粉	2	
五香粉	0.5	
色拉油	80	

2．菜肴组配过程

打荷岗位完成配菜组合操作步骤。

（1）刀工处理原料。羊肉切成长 4 厘米、宽 3 厘米、厚 0.2 厘米的片。葱斜切成 3.5 厘米长的段。

（2）腌制羊肉片。羊肉片中加入适量的料酒，少量精盐（给酱油留出富余）、酱油、米醋、白糖适量、五香粉、胡椒粉（提鲜味和去处羊肉的异味），拌匀后加入全蛋（增加营养成分）、干淀粉待用。

小贴士：葱爆羊肉该选用羊的腿肉

最好是后腿肉，羊的后腿比前腿肉多而嫩。其中的臀脊肉又称大三叉，位于羊尾巴根的前端，肉质肥瘦各半，上部有一层夹筋，剔去筋后都是嫩肉，适于爆、炒。位于三叉下面的一块瘦肉称为磨档，形状如碗，肉纤维纵横不一，质地粗而松，肥多瘦少，适于爆、炒、烤、炸。与磨档相连处有一条斜纤维，肉质细嫩，可代里脊肉用。

3．烹制菜肴

炒锅岗位完成操作步骤。

（1）烹调成菜：炒勺烧热坐底油，七八成热时下入羊肉片，煸炒过程中要来回拨动羊肉，使其受热均匀，肉拨散断生后，倒入葱，让大葱吸去多余的汁，不要长时间煸炒，速度要快，待葱爆出香气，与羊肉搅拌均匀后即可装盘。

（2）技术要点。油温应根据烹饪原料性质差异灵活掌握。葱不可炒熟，八成熟即可。煸肉时火候以旺火为主。

4．成品装盘与整理装饰

参照主任务酱爆鸡丁的处理与烹制。

5．打荷与炒锅收档

参照主任务酱爆鸡丁的处理与烹制，打荷与炒锅配合协作完成收档工作。

（四）工作任务评价

葱爆羊肉的处理与烹制工作任务评价见表 5-3-9。

表 5-3-9　葱爆羊肉的处理与烹制工作任务评价

项目	配分 / 分	评价标准
主料成型规格	15	长 4 厘米、宽 3 厘米、厚 0.2 厘米的羊肉片
口味	25	咸鲜微酸，葱香气浓烈
色泽	10	色彩棕红明亮，盘底略有余汁
汁、芡、油量	20	汁裹紧原料
火候	20	肉片质地滑嫩，葱脆嫩
装盘（八寸圆盘）	10	主料突出，盘边无油迹，成型好；盘饰卫生、点缀合理、美观、有新意

七、专业知识拓展

（一）葱爆

1. 定义

葱爆为家常爆法。主料过油后与大葱段一起爆。也可先将主料腌入味，待上浆后，用温油滑一下，再与葱一起爆。这样制成的菜肴口味香醇，制作方法简便。

2. 操作技术要求

（1）调料投放要恰当适时有序。

（2）按一定规格调味，突出风味特点。

（3）根据原料性质兑制调料。

（4）选料新鲜质嫩，用爆炒的方法制作。

（5）应保证羊肉片的大小、薄厚一致，利于原料成熟。

3. 技术要点

（1）羊肉选择后，要将其筋膜去除干净，以免影响成菜质感，必须横筋切片，且应薄厚一致。

（2）葱切成滚刀块的目的在于让葱呈片状，便于长久保持葱香，增加口感，使菜肴整体的质感和形态更加协调。

（3）葱的口感与刀工处理。切葱的时候应注意，不要直接切，切成滚刀块，目的在于让葱呈片状，如果直接切出来，葱就会呈丝状，吃起来没有口感，嚼丝和嚼片的口感是不一样的。

（4）羊肉上浆。上浆是根据烹调方法及火候的需要在原料的外部挂上一层薄薄的淀粉浆。其作用是保持原料形状整齐，质地滑软鲜嫩不柴，烹调时可减少养分的散失。上浆时加入酱油或精盐，进行烹调前的调味，可使味道渗入原料内部。上浆的原料，多切成片、丁、丝、条等体积较小的形状。待上浆后，烹调时采用滑油的方法，油温低，火力软，在油内停留的时间也短，故菜肴质地滑软鲜嫩。

（5）在烹调过程中，原料下勺有先后的顺序，故应将原料分开放置，不要混掺，以免影响下道工序的操作。

（6）要将主料混掺均匀，因为中国菜讲究平衡和协调美，只有将主配料混掺均匀，才可在口味、色泽、香气上达到高度的协调和统一；装菜不可溢出盘边。

（二）原料营养知识

1. 羊肉（后腿）

羊肉肉质细嫩，容易消化，高蛋白、低脂肪、含磷脂多，较猪肉和牛肉的脂肪含量都少，胆固醇含量低，是冬季防寒温补的美味之一。

2. 大葱

大葱是温通阳气的养生佐料，作为调料品，其主要功能是去除荤、腥、膻等油腻厚味及菜肴中的异味，并产生特殊的香味，还有较强的杀菌作用。医学界有观点认为，葱有降低胆固醇和预防呼吸道与肠道传染病的作用，经常吃葱还有一定的健脑作用。

八、烹饪文化

酱爆鸡丁

（1）"酱爆鸡丁"是山东、北京地区传统名菜，堪称酱爆菜中的魁首。此菜用的是北京特产黄酱，这种酱是用黄豆、面粉、精盐制成的。黄酱颜色深黄，质地细腻，滋味咸香，用来炒菜、拌馅和炸酱拌面，均为相宜，与甜面酱风格迥异。

（2）中国是最早制酱的国家，制酱已有数千年的历史。孔子曰："不得其酱不食。"酱在山东菜中有时用于调味，有时亦当菜。就酱爆一法所有的主料而言，一般有生料与熟料两种。经常用的生料有猪肉、鸡肉。熟料是指把生的鸡或肉先入开水锅中煮熟，捞出后用凉水冲凉，切成丝、丁、片、条等形状。

①甜面酱。经历了特殊的发酵加工过程，它的甜味来自发酵过程中产生的麦芽糖、葡萄糖等物质。鲜味来自蛋白质分解产生的氨基酸，食盐的加入则产生了咸味。甜面酱含有多种风味物质和营养物质，不仅滋味鲜美，而且可以使菜肴的营养更丰富，增加其可食性，还具有开胃助食的功效。

甜面酱是吃北京烤鸭不可缺少的调料，用筷子挑一点甜面酱，抹在荷叶饼上，放上几片烤鸭，再放上几根葱条、黄瓜条，将荷叶饼卷起入口，真是美味无比。

优质甜面酱应呈黄褐色或红褐色，有光泽，散发酱香及酯香，而且无酸、苦、焦煳及其他异味，黏稠适度，无杂质。

②黄酱。黄酱又称大豆酱、豆酱，用黄豆炒熟磨碎后发酵而制成，是我国传统的调味酱。黄酱有浓郁的酱香和酯香，咸甜适口，可用于烹制各种菜肴，也是制作炸酱面的配料之一。优质黄酱色泽鲜艳，味鲜醇厚，咸甜适口。

营养成分。黄酱的主要成分有蛋白质、脂肪、维生素、钙、磷、铁等矿物质，这些都是人体不可缺少的营养成分。另外，黄酱中还含有亚油酸和亚麻酸等。

保存方法。黄酱应用塑料袋或瓶装，并置于阴凉通风处。

九、任务检测

（一）知识检测

（1）_____是防止原料在滑炒过程中失水退嫩，以保证菜品软嫩鲜美，着衣要均匀结实，_____不宜过薄。

（2）关于酱爆方法的叙述正确的是_____。

　　A．酱料是原料的1/2

　　B．动物性主料需要进行预先热处理

　　C．酱料品种主要是海鲜酱、黄豆酱

　　D．炒酱所用的油量是酱料的1倍

（3）_____为家常爆法。主料过油后与葱段一起爆。也可先将主料腌入味上浆后，用温油滑一下，再与_____一起爆。

（4）羊肉上浆是根据烹调方法及火候的需要在原料的外部挂上一层薄薄的_____。其作用是保持原料形状整齐，质地滑软鲜嫩不柴，烹调时可减少养分的散失；上浆时加入酱油或精盐，进行烹调前的调味，可使味道渗透到原料内部。上浆的原料，多切成片、丁、丝、条等体积较小的形状。上浆后烹调时采用_____的方法，油温_____，火力软，在油内停留的时间也短，故菜肴质地滑软鲜嫩。

（二）拓展练习

课后练习制作酱爆鸭脯和葱爆牛肉并试用其他原料制作如图5-3-4所示的各种酱爆、葱爆类菜肴。

图 5-3-4　酱爆、葱爆类菜肴
（a）酱爆鱿鱼；（b）酱爆双菇；（c）葱爆鲜肝；（d）葱爆小河虾

单元六　塌、烹制类菜肴的处理与烹制

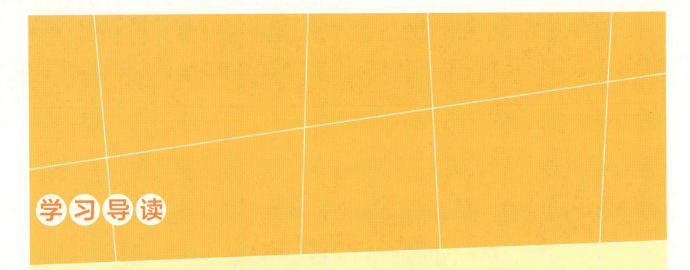

学习导读

【学习内容】

本单元主要以典型菜肴为载体，学习在岗位环境中运用"塌"和"烹"的技法完成工作任务的相关知识、技能和经验。

【任务简介】

本单元由两组菜肴处理与制作任务组成，每组任务由炒锅与打荷两个岗位在企业厨房工作环境中配合共同完成。

锅塌豆腐的处理与烹制是以训练"锅塌"技法为主的实训任务，锅塌的菜肴色泽鲜丽，质地酥嫩，味醇。本任务的自主训练内容为锅塌鱼饺的处理与烹制。

炸烹虾段的处理与烹制是以训练"炸烹"技法为主的实训任务。炸烹是建立在干炸的基础上，将加工成型的主要原料调味、挂糊或不挂糊，投入热油内炸熟呈金黄色捞出控净油，再烹上清汁入味快速成菜的一种烹调方法。本任务的自主训练内容为香辣掌中宝的处理与烹制。

【学习要求】

本单元要求能够在炒锅、打荷工作环境中按照打荷岗位工作流程熟练完成开档和收档工作，能基本掌握炸制类菜肴的原料知识及使用常识。能够按照炒锅岗位工作流程运用锅塌、炸烹烹饪技法和相关的勺工、挂糊、火候、调味、勾芡、装盘技术完成典型菜肴的制作，能够遵循岗位职责要求，熟练地完成炒锅岗位与打荷岗位之间的配合，具有合作意识、安全意识和卫生意识。

【相关知识】

炒锅与打荷岗位工作流程。

1. 进行炒锅、打荷岗位开餐前的准备工作

（1）打荷岗位所需工具准备齐全。

（2）炒锅岗位所需工具准备齐全。

2. 打荷与炒锅工作任务

（1）按照工作任务进行——塌制类菜肴：锅塌豆腐的处理与烹制。

（2）按照工作任务进行——烹制类菜肴：炸烹虾段的处理与烹制。

（3）原料准备与组配——打荷岗位与炒锅岗位配合领取并备齐制作菜肴所需主料、配料和调料。

3. 进行炒锅、打荷岗位开餐后的收尾工作

（1）依据小组分工对剩余的主料、配料、调料进行妥善保存；清理卫生，整理工作区域。

（2）依据小组分工对工作区域的设备、工具进行清洗，所有物品经整理后放回原处并码放整齐。

（3）厨余垃圾分类后送到指定垃圾站点。

任务一　锅塌——锅塌豆腐的处理与烹制

一、任务描述

在炒锅环境中，在打荷厨师的配合下，运用"塌"的技法完成山东名菜"锅塌豆腐"的烹制。

二、学习目标

（1）了解豆腐的原料知识及使用常识。
（2）会鉴别并使用"文火"烹制菜肴。
（3）能正确鉴别与运用四成热油温。
（4）能够使用勺工技术"小翻勺""晃勺"，运用"塌"的技法完成"锅塌豆腐"的制作，并用"溜入式"手法进行装盘。
（5）打荷与炒锅岗位沟通顺畅，安全意识强，卫生习惯好。

三、成品质量标准

锅塌豆腐成品如图 6-1-1 所示。

小贴士：锅塌豆腐简介

"锅塌"是始于山东民间的一种传统烹饪技法，也是山东烹饪技法中别具风味的一种，是指将煎炸与煨炖等法复合所制成的一种菜肴，其香甘爽利，且柔和绵软。

色泽金黄，口味咸鲜，质感软嫩，芡汁不用勾芡，有少量滋汁。

图 6-1-1　锅塌豆腐成品

相传山东福山县有一富翁，奢食海味，他特地邀请了当地有名望的厨娘操灶。有一天，厨娘烹制的油煎黄鱼因火候欠佳，便加入少许葱、姜、花椒、八角等调料烹锅，加汤，将鱼炜至汁尽，然后端上桌。富豪举箸就食，觉鲜香味浓，迥异于往日，问厨娘制作方法。厨娘答曰："只是将鱼回锅'塌'了一下（胶东把酥脆食品再入锅煎蒸回软谓之塌）。"这款锅塌黄鱼流传至今已几百年，因其香醇味美而盛名不衰。后又有锅塌豆腐等佳肴仿其道而制成。

四、知识技能准备

（一）烹调技法知识——塌

1. 定义

将加工整理成型的原料，用调味品腌渍入味，挂糊投入热锅少量油内两面加热至金黄色，再加入适量的汤汁或水和调味品，慢火加热收汁成熟的烹调方法，称为塌。

2. 操作要求

（1）通常将原料加工整理成扁平形或厚片状。
（2）原料烹制前用调味品腌渍入味。
（3）一般都要挂糊。
（4）慢火将原料两面加热呈金黄色，加汤汁至成熟。
（5）成品色泽金黄，质酥软嫩，味醇厚，微带汤汁。

（二）技术关键

所谓"塌"，就是将主料两面煎黄后，放入调料汁及清汤，盖上锅盖，旺火烧开，小火塌，收尽汤汁，使调料完全吸入主料内，使主料酥、软、嫩，味醇厚。

（三）工艺提示

（1）选择新鲜无异味，质地细嫩的动、植物性原料，可稍肥，加工形状大小适中，一般加工成片状。
（2）原料需先码味，再挂糊，而且挂糊要均匀。
（3）程序：改形→瓤馅→拍粉拖蛋→煎或炸→烧或蒸。
（4）汤汁较多，裹匀原料。
（5）用小火或中火收尽汤汁，形成自来芡。
（6）出菜要求整体感强，完整不碎。
（7）由于菜肴呈金黄色，因此制作时用鸡汤，不可用清水。

五、工作过程

开档→组配原料→调馅→瓤馅→挂拍粉拖蛋糊→烹制成菜→成品装盘→菜肴整理→收档。

（一）准备工具

按照本单元要求进行打荷与炒锅开档工作；按照工作任务需求准备常规工具。

1. 炒锅岗位准备工具

带手布、洗涤灵、铁锅、量杯、手勺、漏勺、油盐子、油隔、筷子、保鲜膜、保鲜盒、生料盆、品尝勺。

2. 打荷岗位准备工具

不锈钢刀具、砧板、一尺长方盘、消毒毛巾、筷子、餐巾纸、食品雕刻刀、剪刀、料盆、餐具、盆、马斗、带手布、调料罐、保鲜盒、保鲜膜。

（二）制作过程

1. 原料准备

打荷岗位与炒锅岗位配合领取并备齐锅塌豆腐所需主料、配料和调料，见表6-1-1和表6-1-2。

表6-1-1　准备热菜所需主料、配料

菜肴名称	数量/份	准备主料		准备配料		准备料头		盛器规格
		名称	数量/克	名称	数量/克	名称	数量/克	
锅塌豆腐	1	鲜豆腐	300	鸡蛋	80	葱末	10	八寸圆盘
				面粉	60			
				猪肉馅	80	姜末	5	
				海米	5			
				豆苗	10			

表6-1-2　准备热菜调味（单一味）——咸鲜味（1份）

调味品名	数量/克	风味要求
毛汤	300	
精盐	1	
料酒	3	
味精	1	色泽黄亮，口味咸鲜，质感软嫩，芡汁不用勾芡，有少量滋汁
胡椒粉	1	
葱姜水	1	
湿淀粉	10	
色拉油	500（实耗30）	

2. 菜肴组配过程

菜肴组配过程见表6-1-3。

表6-1-3　菜肴组配过程

图示			
	原料组配	打荷岗位完成	打荷岗位完成
说明	要选择边沿整齐无破损的豆腐，以利于成型	加工组配后的原料：豆腐切成长约5厘米、宽约3厘米、厚约0.5厘米的厚片。将葱、姜切成细丝	取一平盘，将12片豆腐横三竖四整齐地码成长方形，将肉馅抹于豆腐表面（抹平），再将另12片豆腐整齐地盖在肉馅上

续表

图示	 打荷岗位完成	打荷岗位完成	 打荷岗位完成
说明	将鸡蛋打碎	豆腐盒蘸匀面粉，粘粉不易粘裹过厚	将豆腐盒裹匀蛋液

拍粉拖蛋糊（1份）配比见表6-1-4。

表6-1-4　拍粉拖蛋糊（1份）配比

调味品名	数量/克	质量标准
鸡蛋	80	面粉和鸡蛋液要分别裹拌均匀，无面粉颗粒，成品饱满，色泽金黄，口感外酥里嫩
面粉	60	
色拉油	500（实耗30）	

3. 烹制菜肴

烹制菜肴见表6-1-5。

表6-1-5　烹制菜肴

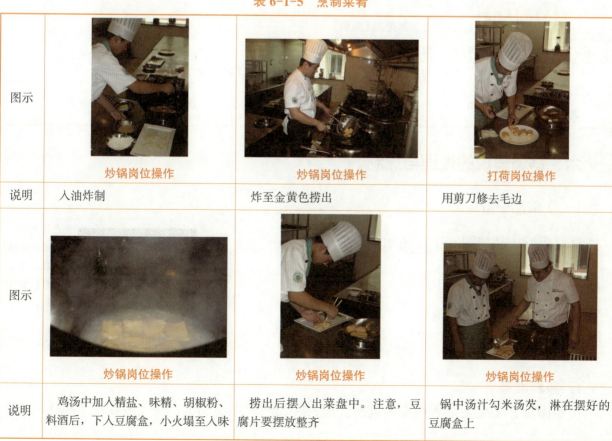

图示	炒锅岗位操作	炒锅岗位操作	打荷岗位操作
说明	入油炸制	炸至金黄色捞出	用剪刀修去毛边
图示	炒锅岗位操作	炒锅岗位操作	炒锅岗位操作
说明	鸡汤中加入精盐、味精、胡椒粉、料酒后，下入豆腐盒，小火塌至入味	捞出后摆入出菜盘中。注意，豆腐片要摆放整齐	锅中汤汁勾米汤芡，淋在摆好的豆腐盒上

4. 成品装盘与整理装饰

成品装盘与整理装饰如图 6-1-2 所示。

(三) 打荷与炒锅收档

打荷与炒锅配合协作完成收档工作。

（1）依据小组分工对剩余的主料、配料、调料进行妥善保存，容易变质的原料封保鲜膜放入冰箱保存，温度为 0～4 摄氏度；清理卫生，整理工作区域。

（2）依据小组分工对工作区域的设备、工具进行清洗，所有物品经整理后放回原处并码放整齐。

（3）厨余垃圾经分类后送到指定垃圾站点。

打荷岗位操作完成整理和装饰。

图 6-1-2　成品装盘与整理装饰

(四) 工作任务评价

锅塌豆腐的处理与烹制工作任务评价见表 6-1-6。

表 6-1-6　锅塌豆腐的处理与烹制工作任务评价

项目	配分	评价标准
刀工	20	长 5 厘米、宽 3 厘米、厚 1.5 厘米的夹馅豆腐盒
拍粉拖蛋糊	10	糊中无干粉颗粒，能均匀裹住豆腐盒
口味	20	咸鲜
色泽	15	色泽黄亮，无焦糊
汁、芡、油量	10	盘底略有余汁，不勾芡，不汪油
火候	15	口感软嫩入味，塌制成品形态完整而不碎
装盘（八寸圆盘）	10	主料突出，盘边无油迹，成型好；盘饰卫生、点缀合理、美观、有新意

六、锅塌鱼饺的处理与烹制

(一) 成品质量标准

锅塌鱼饺成品如图 6-1-3 所示。

(二) 准备工具

参照锅塌豆腐准备工具。

色泽黄亮，口味咸鲜，口感鲜嫩，有少许汤汁，芡汁较薄松。

图 6-1-3　锅塌鱼饺成品

(三) 制作过程

1. 原料准备

按照岗位分工准备菜肴锅塌鱼饺所需原料（参照锅塌豆腐），见表 6-1-7 和表 6-1-8。

表 6-1-7　准备热菜所需主料、配料

菜肴名称	数量/份	准备主料		准备配料		准备料头		盛器规格
		名称	数量/克	名称	数量/克	名称	数量/克	
锅塌鱼饺	1	鲜带皮草鱼净肉	300	鸡蛋	80	葱末	10	一尺二长方盘
				面粉	60			
				猪肉馅	80			
				海米	5	姜末	5	
				豆苗	10			
				香菜	10			

表 6-1-8　准备热菜调味（单一味）——咸鲜味（1 份）

调味品名	数量/克	风味要求
毛汤	300	色泽黄亮，口味咸鲜，口感鲜嫩，有少许汤汁，芡汁较薄松
精盐	1	
料酒	3	
味精	1	
胡椒粉	1	
葱姜水	1	
湿淀粉	10	
色拉油	500（实耗 30）	

2．菜肴组配过程

打荷岗位完成配菜组合操作步骤。

挂糊：将鸡蛋和面粉按照 3：1 的比例拌匀，调成糊，均匀地裹在鱼饺上。

3．烹制菜肴

炒锅岗位完成操作步骤。

（1）炸制成型：锅烧热坐宽油，将鱼盒分散入油炸制。

（2）炒锅岗位操作：油炸至两面金黄时，控入漏勺。

（3）炒锅岗位操作：塌制鱼盒参照主任务。

4．成品装盘与整理装饰

参照主任务锅塌豆腐的处理与烹制。

（1）炒锅岗位操作：将锅中芡汁均匀地淋于鱼盒上。

（2）打荷岗位操作完成：擦盘整理出菜。

5．打荷与炒锅收档

参照主任务锅塌豆腐的处理与烹制，打荷与炒锅配合协作完成收档工作。

（四）工作任务评价

锅塌鱼饺的处理与烹制工作任务评价见表 6-1-9。

表 6-1-9　锅塌鱼饺的处理与烹制工作任务评价

项目	配分/分	评价标准
主料成型规格	20	长 5 厘米、宽 3 厘米、厚 1.5 厘米的夹馅鱼盒，造型美观，大小一致
拍粉拖蛋糊	10	稀稠适中，能裹匀鱼盒
口味	20	咸鲜
色泽	15	色泽黄亮滋润
汁、芡、油量	10	盘底略有余汁，无芡，无油
火候	15	质地软嫩入味，形态完整而不散碎
装盘（一尺二长方盘）	10	主料突出，盘边无油迹，成型好；盘饰卫生、点缀合理、美观、有新意

七、专业知识拓展

（一）原料营养知识——豆腐

1. 豆腐简介

豆腐的原料是黄豆、绿豆、白豆、豌豆等，做法是先把豆去壳筛净，洗净后放入水中，浸泡适当时间，再加一定比例的水磨成生豆浆，接着用特制的布袋将磨出的豆浆装好，收好袋口，用力挤压，将豆浆榨出布袋。一般可以榨浆两次，即待榨完第一次后将袋口打开，放入清水，收好袋口后再榨一次。

生豆浆榨好后，放入锅内煮沸，边煮边撇去面上浮着的泡沫。煮的温度保持在90～110摄氏度，并且需要注意煮的时间。煮好的豆浆需要点卤以助于其凝固。点卤的方法可分为盐卤和石膏两种。盐卤的主要成分是氯化镁，石膏的主要成分是硫酸钙。若用石膏点卤，则先要将石膏焙烧至刚刚过心为止，然后碾成粉末加水调成石膏浆，冲入刚从锅内舀出的豆浆里，并用勺子轻轻搅匀。不久之后，豆浆就会凝结成豆腐花。

若要进一步将豆腐花制成豆腐，则在豆腐花凝结的约15分钟内，用勺子轻轻舀进已铺好包布的木托盆或其他容器里。盛满后，用包布将豆腐花包起，盖上木板，压10～20分钟，即成水豆腐。若要制豆腐干，则须将豆腐花舀进木托盆里，用布包好，盖上木板。在板上堆上石头，压尽水分，即成豆腐干。

2. 豆腐质量的鉴定方法

（1）眼睛观察法。南豆腐俗称水豆腐，内无水纹、无杂质、晶白细嫩的为优质；内有水纹、有气泡、有细微颗粒、颜色微黄的为劣质豆腐。

北豆腐俗称老豆腐，蛋白质含量比水豆腐高（1斤黄豆能做2斤多老豆腐，能做约4斤水豆腐）。老豆腐中有气泡，气泡是由于老豆腐里面的水和蛋白质分离开而流出来。

（2）缝衣针鉴别法。手握1枚缝衣针，在离豆腐30厘米高处松手，让针自由下落，针能插入豆腐的则为优质豆腐（老豆腐则不一定能插得进去）。

（3）用刀切，要不碎，还不能太老，要色泽光亮、口感好、无异味。

3. 食用功效

豆腐营养丰富，含有铁、钙、磷、镁等人体必需的多种微量元素，还含有糖类、植物油和丰富的优质蛋白，素有"植物肉"之美称。豆腐的消化吸收率达95％以上。

豆腐为补益清热养生食品，常食之，可补中益气、清热润燥、生津止渴、清洁肠胃。更适于热性体质、口臭口渴、肠胃不清、热病后调养者食用。现代医学证实，豆腐除有增加营养、帮助消化、增进食欲的功能外，对齿、骨骼的生长发育也颇为有益，在造血功能中可增加血液中铁的含量。另外，豆腐不含胆固醇，是高血压、高血脂、高胆固醇症及动脉硬化、冠心病患者的佳肴，也是儿童、病弱者及老年人补充营养的佳品。

（二）豆腐的最佳搭配

（1）豆腐＋鱼，取长补短。豆腐中所含的蛋白质缺乏蛋氨酸和赖氨酸，鱼缺乏苯丙氨酸，豆腐和鱼一起吃，蛋白质的组成更合理，营养价值更高。

（2）豆腐+海带，避免碘缺乏。豆腐里的皂角苷成分，好处是促进脂肪代谢，阻止动脉硬化发生，但易造成机体碘缺乏，与海带同食则可避免这个问题。

（3）豆腐+萝卜，避免消化不良。豆腐中的植物蛋白含量丰富，但多吃可引起消化不良，萝卜有助消化之功，与萝卜同食，此弊即可消除。

（三）豆腐的储藏

盒装豆腐需要冷藏，所以需要到有良好冷藏设备的场所选购。当盒装豆腐的包装有凸起，里面豆腐则混浊、水泡多且大，便属于不良品，千万不可选购。没有包装的豆腐很容易腐坏，买回家后，应立刻浸泡于水中，并放入冰箱冷藏，待烹调前再取出。取出时间距离食用不要超过 4 小时，以保持新鲜，而且最好是在购买当天食用完毕。

盒装豆腐较易保存，但仍须放入冰箱冷藏，以确保在保存期限内不会腐败。若无法一次食用完毕，可依所需的分量切割使用，剩余的部分再放回冷藏室中，方便下次食用。

八、烹饪文化

豆　腐

（一）豆腐发明人——刘安

豆腐是我国炼丹家——淮南王刘安发明的绿色健康食品。时至今日，已有 2100 多年历史，深受全世界的喜爱。豆腐发展至今，已品种齐全，花样繁多，具有风味独特、制作工艺简单、食用方便的特点。安徽省淮南市刘安故里，每年 9 月 15 日，有一年一度的豆腐文化节。

（二）豆腐的传说

豆腐被誉为"东方龙脑""中国第一菜"。豆腐的发明是中国食品史上的一项创举，"豆腐得味，远胜燕窝"。豆腐不仅白嫩可口，更是有着出色的保健功效。所以在中国，不论男女老少，几乎人人都爱吃豆腐。中国人吃豆腐的历史，可谓久远，在一些古籍中，如明代李时珍的《本草纲目》、叶子奇的《草目子》、罗颀的《物原》等著作中，都有豆腐之法始于汉淮南王刘安的记载。传说刘安为求长生不老，重金招纳方术之士，炼仙丹求寿。他们取山中泉水磨制豆汁，又用豆汁培育丹苗，没想到丹没炼成，豆汁与盐卤化合成一片芳香诱人、白白嫩嫩的食物。当地胆大的农夫取而食之，居然美味可口，于是取名"豆腐"。

明代以后，豆腐文化更加广为流传，苏东坡喜爱吃豆腐，曾亲自动手制作东坡豆腐。南宋诗人陆游也在自编《渭南文集》中记载了豆腐菜的烹调。而随着豆腐文化的传播，各地人民依照自己的口味，不断发展和丰富着豆腐菜的制作方法，流传至今的有四川"口袋豆腐""麻婆豆腐",杭州"煨冻豆腐",扬州"鸡汁煮干丝",屯溪"霉豆腐",吉林"素鸡豆腐",广西壮族名菜"清蒸豆腐圆",云南大理白族"腊味螺豆腐"。

九、任务检测

(一)知识检测

(1)所谓"_____",就是将主料两面煎黄后,放入调料汁及清汤,盖上锅盖,旺火烧开_____塌,收尽汤汁,使调料完全吸入主料中,使主料酥、软、嫩,味醇厚。

(2)塌的操作要求。

①选择新鲜无异味,质地细嫩的动、植物性原料,可稍肥,加工形状大小适中,一般加工成_____。

②原料需先码味,再_____,_____要均匀。

③程序:改形→瓤馅→拍粉拖蛋→煎或炸→烧或蒸。

④汤汁较多,裹匀原料。

⑤用小火或中火收尽汤汁,形成_____。

⑥出菜要求整体感强,_____。

⑦由于菜肴呈_____,因此制作时用鸡汤,不可用清水。

(3)豆腐营养丰富,含有_____、_____、_____、_____等人体必需的多种微量元素,还含有糖类、植物油和丰富的优质蛋白,素有"_____"之美称。豆腐的消化吸收率达_____以上。

(二)拓展练习

课余时间试用其他原料制作如图 6-1-4 所示的锅塌类菜肴。

(a) (a)

图 6-1-4 锅塌类菜肴
(a)锅塌茄子;(b)锅塌里脊

任务二　炸烹——炸烹虾段的处理与烹制

一、任务描述

在中餐热菜厨房工作环境中，打荷与炒锅岗位协作完成山东名菜"炸烹虾段"的烹制。

二、学习目标

（1）了解虾类的原料知识及使用常识。
（2）能准确鉴别掌握"急火"并熟练运用。
（3）能正确鉴别与运用六七成热油温。
（4）熟练进行"清汁"口味的调制。
（5）能够使用勺工技术"小翻勺"，运用"炸烹"的技法完成"炸烹虾段"的制作，并用"盛入式"手法进行装盘。
（6）炒锅和打荷岗位沟顺畅通，安全意识强，卫生习惯好。

三、成品质量标准

炸烹虾段成品如图 6-2-1 所示。

色泽金红明亮，口味咸鲜，具有醋、葱、姜、蒜的香气，口感外酥里嫩。

图 6-2-1　炸烹虾段成品

四、知识技能准备

（一）烹调技法知识——炸烹

1. 定义

炸烹是一种将新鲜细嫩的原料，切成条片块形码味后，挂糊（或不挂糊），用旺火温油炸至金黄色，外酥内嫩捞出，再炝锅投入主料，随即烹入兑好的调味汁，颠翻成菜的烹调方法。

根据对主要原料采用加热成熟的方法不同，烹有"炸烹"和"煎烹"两种具体方法。炸烹是建立在干炸的基础上的。将加工成型的主要原料调味、挂糊或不挂糊，投入热油内炸熟呈金黄色捞出控净油，再烹上清汁以入味，快速成菜的方法。

2. 成菜特点

外酥香、内鲜嫩、爽口不腻。

3．适用对象

新鲜易熟、质地细嫩的海鲜、河鲜、家禽、家畜等动物性原料。

（二）技术要点

1．"烹"的技术要点

质地较韧、异味较重的原料，要打花刀；原料控制好形态；不宜烹太长时间。

2．"炸烹"的技术要点

主要原料提前油炸成熟至外焦里嫩；少量底油先煸炒葱、姜、蒜出香味，加适量汤汁和所需调味品，再倒入炸好的主料，快速颠翻装盘；成品微带汤汁，质地外脆里嫩，清淡爽口。

提示：色泽发红、身软、掉拖的虾不新鲜，尽量不吃，腐败变质虾不可食用；虾背上的虾线应挑去不吃。

五、工作过程

开档→组配原料→加工原料→烹制成菜→成品装盘→菜肴整理→收档。

（一）准备工具

按照本单元要求进行打荷与炒锅开档工作；按照工作任务需求准备常规工具。

1．炒锅岗位准备工具

带手布、洗涤灵、铁锅、量杯、手勺、漏勺、油盬子、油隔、筷子、保鲜膜、保鲜盒、生料盆、品尝勺。

2．打荷岗位准备工具

不锈钢刀具、砧板、一尺长方盘、消毒毛巾、筷子、餐巾纸、食品雕刻刀、剪刀、料盆、餐具、盆、马斗、带手布、调料罐、保鲜盒、保鲜膜。

（二）制作过程

1．准备原料

打荷岗位与炒锅岗位配合领取并备齐炸烹虾段所需主料、配料和调料，见表6-2-1和表6-2-2。

表 6-2-1　准备热菜所需主料、配料

菜肴名称	数量/份	准备主料		准备配料		准备料头		盛器规格
		名称	数量/克	名称	数量/克	名称	数量/克	
炸烹虾段	1	大虾	300	淀粉	60	葱丝	15	菱形尺盘
						姜丝	8	
						蒜片	15	
						红椒丝	50	

表 6-2-2 准备热菜调味（复合味）——清汁味型（1 份）

调味品名	数量 / 克	风味要求
料酒	10	色泽色彩金红明亮，口味咸鲜，具有葱、姜、蒜及米醋的香气，质感外酥里嫩，清汁，不勾芡
精盐	1	
味精	1	
白糖	1	
米醋	5	
胡椒粉	1	
毛汤或清水	20	
香油	3	
色拉油	300（实耗 60）	

2．菜肴组配过程

菜肴组配过程见表 6-2-3。

表 6-2-3 菜肴组配过程

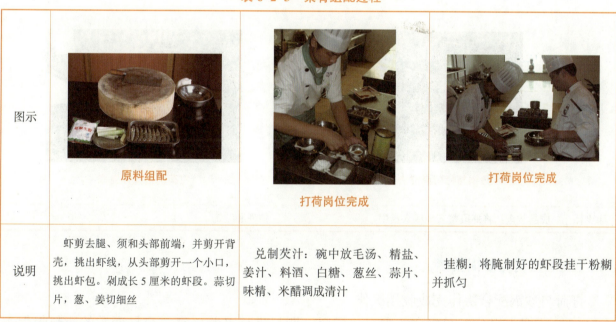

	原料组配	打荷岗位完成	打荷岗位完成
图示			
说明	虾剪去腿、须和头部前端，并剪开背壳，挑出虾线，从头部剪开一个小口，挑出虾包。剁成长 5 厘米的虾段。蒜切片，葱、姜切细丝	兑制芡汁：碗中放毛汤、精盐、姜汁、料酒、白糖、葱丝、蒜片、味精、米醋调成清汁	挂糊：将腌制好的虾段挂干粉糊并抓匀

干粉糊（1 份）配比见表 6-2-4。

表 6-2-4 干粉糊（1 份）配比

调味品名	数量 / 克	质量标准
干玉米淀粉	60	淀粉裹匀虾段，虾段表面淀粉干松不出水。成品糊经浸炸后，色泽金黄，口感酥脆

3．烹制菜肴

烹制菜肴见表 6-2-5。

表 6-2-5　烹制菜肴

图示	 炒锅岗位操作	炒锅岗位操作
说明	起锅放油烧六七成热，投入虾段炸成外酥里嫩、呈金红色捞出控油	锅留底油，投入葱、姜丝煸炒出香味，加入炸好的虾段翻炒，烹入兑好的炸烹汁，急火快炒，迅速翻拌均匀，烹醋出锅

4．成品装盘与整理装饰

成品装盘与整理装饰见表 6-2-6。

表 6-2-6　成品装盘与整理装饰

图示	炒锅与打荷岗位协作完成	打荷岗位操作完成
说明	成品装盘：将虾段整齐地盛入盘中	整理和装饰

（三）打荷与炒锅收档

打荷与炒锅配合协作完成收档工作。

（1）依据小组分工对剩余的主料、配料、调料进行妥善保存，容易变质的原料封保鲜膜放入冰箱保存，温度为 0～4 摄氏度；清理卫生，整理工作区域。

（2）依据小组分工对工作区域的设备、工具进行清洗，所有物品经整理后放回原处并码放整齐。

（3）厨余垃圾经分类后送到指定垃圾站点。

（四）工作任务评价

炸烹虾段的处理与烹制工作任务评价见表 6-2-7。

表 6-2-7 炸烹虾段的处理与烹制工作任务评价

项目	配分 / 分	评价标准
主料成型规格	15	长 5 厘米的虾段
干粉糊配比	20	稀稠适中，能裹匀虾段不脱糊
口味	10	咸鲜微酸适中，葱、姜、米醋香气浓烈
色泽	15	色泽金红明亮
汁、芡、油量	15	干爽，无多余汁和油
火候	15	口感酥香脆嫩
装盘（菱形尺盘）	10	主料突出，盘边无油迹，成型好；盘饰卫生、点缀合理、美观、有新意

六、香辣掌中宝的处理与烹制

（一）成品质量标准

香辣掌中宝成品如图 6-2-2 所示。

色泽金黄，口味咸鲜香辣微甜，蒜香浓郁，质地酥脆。

图 6-2-2 香辣掌中宝成品

（二）准备工具

参照炸烹虾段准备工具。

（三）制作过程

1. 原料准备

按照岗位分工准备菜肴香辣掌中宝所需原料（参照炸烹虾段），见表 6-2-8 和表 6-2-9。

表 6-2-8 准备热菜所需主料、配料

菜肴名称	数量 / 份	准备主料		准备配料		准备料头		盛器规格
		名称	数量 / 克	名称	数量	名称	数量 / 克	
香辣掌中宝	1	鸡掌骨	250	脆仁辣子	100 克	蒜茸	50	一尺二长
				小米椒	6 个	葱丁	15	
				熟白芝麻	5 克	姜粒	8	
				淀粉	60 克			
				吉士粉	10 克			

表 6-2-9 准备热菜调味（复合味）——清汁味汁（1 份）

调味品名	数量 / 克	风味要求
料酒	10	色泽金黄，口味咸鲜香辣微甜，蒜香浓郁，质地酥脆
精盐	1	
味精	1	
白糖	1	
色拉油	300（实耗 60）	

2. 菜肴组配过程

打荷岗位完成配菜组合操作步骤。

(1) 配菜组合：将冲洗干净的鸡掌骨、脆仁辣子、小米椒、蒜茸、葱丁、姜粒分别放入配菜器皿内。

(2) 腌制挂糊：鸡掌骨加入精盐、味精、料酒、蒜汁拌匀腌制30分钟，再将干粉糊加入并拌匀。

干粉糊（1份）配比见表6-2-10。

表6-2-10 干粉糊（1份）配比

调味品名	数量/克	质量标准
干淀粉	60	淀粉、吉士粉裹匀腌制好的鸡掌骨，鸡掌骨表面淀粉干松不出水。成品糊经浸炸后，色泽金黄，口感酥脆
吉士粉	10	

(3) 递菜。打荷厨师将配制好的鸡掌骨递给炒锅厨师。

3. 烹制菜肴

炒锅岗位完成操作步骤。

(1) 坐锅倒油，待油烧至七成热时，将鸡掌骨炸至金黄酥脆。

(2) 鸡掌骨炸至金黄酥脆后捞出控油。

(3) 锅中留底油，下小米椒，葱、姜、蒜末爆香，鸡掌骨煸出香味，加入精盐、白糖，再放入脆仁辣子翻炒均匀。

4. 成品装盘与整理装饰

参照主任务炸烹虾段的处理与烹制。

5. 打荷与炒锅收档

参照主任务炸烹虾段的处理与烹制，打荷与炒锅配合协作完成收档工作。

（四）工作任务评价

香辣掌中宝的处理与烹制工作任务评价见表6-2-11。

表6-2-11 香辣掌中宝的处理与烹制工作任务评价

项目	配分/分	评价标准
主料成型规格	15	直径2厘米的鸡掌骨
干粉糊调制规格	20	淀粉裹匀鸡掌骨，包裹紧实不脱糊
口味	10	咸鲜香辣，具有炸蒜香气
色泽	15	色泽金黄
汁、芡、油量	15	盘底无汁且无油，干爽入味
火候	15	口感酥香脆嫩
装盘（一尺二长方盘）	10	主料突出，盘边无油迹，成型好；盘饰卫生、点缀合理、美观、有新意

七、专业知识拓展

（一）原料知识

1. 虾

虾属节肢动物甲壳类，种类很多，包括青虾、河虾、草虾、小龙虾、对虾（南美白对虾，南美蓝对虾）、明虾、基围虾、琵琶虾、龙虾等。其中对虾是我国特产，因个大，且常成对出售而得名。对虾生活在暖海里，夏秋两季能够在渤海湾生活和繁殖，冬季虾要长途迁移到黄海南部海底水温较高的水域去避寒。冬季虾的活动能力很差，也不捕食。每年3月，分散在各地的虾开始集中，成群结队地游向北方。经过两个月的旅行到达渤海近岸浅海并开始繁殖，雌虾经过长途旅行已疲惫不堪，产完卵后大部分就死去了，只有体力较强的才能继续生存。刚孵出的小虾身体要发生多次结构变化，经过20多次蜕皮才能长为成虾。雄虾出生当年即成熟，而雌虾要到第二年才成熟。虾有2倍于身体长的细长触须，用来感知周围的水体情况，胸部强大的肌肉有利于长途洄游。腹部的尾扇可用来控制身体平衡，也可以用于反弹后退。

2. 食用功效

虾是一种蛋白质非常丰富、营养价值很高的食物，其中维生素A、胡萝卜素和无机盐含量比较高，而脂肪含量不但低，且多为不饱和脂肪酸。另外，虾的肌纤维比较细，组织蛋白质的结构松软，水含量较高，所以肉质细嫩，容易消化吸收。

（二）关于凤爪

凤爪即鸡脚，誉鸡为凤，来源于宫廷祭礼。《明官史》有记载："凡遇大典礼……，有所谓（音袍）凤烹龙者，凤乃雄雉，龙则宰白马代之耳。"后来，这种祭礼传至民间，雄雉难得，就以雄鸡代之，故鸡乃得凤誉，此菜的鸡脚经先炸再炖的处理，皮胀而松软，可用各种不同口味的酱料调制而成，随人所好。

鸡脚皮厚、骨粗、肉少，故长期以来多半做下脚料处理，但蚝油凤爪由于烹调得法成为广东名菜。蚝油凤爪制法精细，要先煮、后炸、再炖而成。色泽金黄，皮皱，皮骨易脱，皮下饱含蚝油料汁，食之有灌汤含浆之感，所用的调味料可因时因地而异，风味多变独特。

（三）怎样用姜

姜是许多菜肴中不可缺少的香辛调味品，但怎样使用，却不是人人都懂的。姜用得恰到好处可以使菜肴增鲜添色，反之则会弄巧成拙。在烹制时会经常遇到一些问题。

如做鱼圆时在鱼茸中掺加姜葱汁，再放其他调味品搅拌上劲，挤成鱼圆，可得到鲜香滑嫩、色泽洁白的效果。若把生姜剁成米粒状，拌入鱼茸中制成鱼圆，吃在嘴里就会垫牙辣口，且色泽发暗、味道欠佳。

又如在烧鱼前，应先将姜片投入少量油锅中煸炒炝锅，后下鱼煎烙两面，再加清水和各种调味品，鱼与姜同烧至熟。这样用姜，不仅煎鱼时不粘锅，且可去膻解腥；如果姜片与鱼同下或待鱼做熟后撒入姜米，则效果欠佳。

因此，在烹调中要视菜肴的具体情况，合理、巧妙地用姜。

（四）美食与美器应如何搭配

1．菜肴与器皿在色彩纹饰上要和谐

（1）在色彩上，没有对比会使人感到单调，对比过分强烈也会使人感到不和谐。重要的前提是对各种颜色之间关系的认识。美术家将红、黄、蓝称为原色；红与绿、黄与紫、橙与蓝称为对比色；红、橙、黄、赭是暖色；蓝、绿、青是冷色。因此，一般来说，冷菜和夏令菜宜用冷色食器；热菜、冬令菜和喜庆菜宜用暖色食器。但是要切忌"靠色"。例如将绿色的炒青蔬盛在绿色盘中，既显不出青蔬的鲜绿，又埋没了盘上的纹饰美。如果改盛在白花盘中，便会产生清爽悦目的艺术效果。再如，将嫩黄色的蛋羹盛在绿色的莲瓣碗中，色彩就格外清丽；盛在水晶碗里的八珍汤，汤色莹澈见底，透过碗腹，各色菜肴清晰可辨。

（2）在纹饰上，食料的形与器的图案要显得相得益彰。如果将炒肉丝放在纹理细密的花盘中，会给人以散乱之感，而且显不出肉丝的美；反之，将肉丝盛在绿叶盘中，立时会使人感到赏心悦目。

2．菜肴与器皿在形态上要和谐

中国菜品种繁多，形态各异，用来相配的食器形状自然也是千姿百态。例如，平底盘是为爆炒菜而来，汤盘是为溜汁菜而来，椭圆盘是为整鱼菜而来，深斗池是为整只鸡鸭菜而来，莲花瓣海碗是为汤菜而来，等等。如果用盛汤菜的盘装爆炒菜，便起不到美食与美器搭配和谐的效果。

3．菜肴与器皿在空间上要和谐

食与器的搭配也要"量体裁衣"，菜肴的数量要和器皿的大小相称，才能有美的感官效果。汤汁如果漫至器缘的肴馔，不可能使人感到"秀色可餐"，只能给人以粗糙的感觉；菜肴量小，又会使人感到食缩于器心，干瘪乏色。一般来说，平底盘、汤盘（包括鱼盘）中的凹凸线是食、器结合的"最佳线"。用盘盛菜时，以菜不漫过此线为佳。用碗盛汤时，则以八成满为宜。

4．菜肴掌故与器皿图案要和谐

中国名菜"贵妃鸡"盛在饰有仙女拂袖起舞图案的莲花碗中，会使人很自然地联想到善舞的杨贵妃酒醉百花亭的故事。"糖醋鱼"盛在饰有鲤鱼跳龙门图案的鱼盘中，会使人情趣盎然，食欲大增。因此，要根据菜肴掌故选用图案与其内容相称的器皿。

5．一席菜食器上的搭配要和谐

一席菜的食器如果不是清一色的青花瓷，便是一色白的白花瓷，其本身就失去了中国菜丰富多彩的特色。因此，一席菜不但品种要多样，食器也要色彩缤纷。这样，佳肴耀目，美器生辉，蔚为壮观的席面美景便会呈现在眼前。

八、烹饪文化

细说川菜六种辣

（一）麻辣

麻辣是川菜最正宗、最霸气的一种辣，它的主要调味料由汉源大红袍花椒和著名的二荆条干辣椒构成，成味既麻且辣，色泽红艳如火，广泛使用于各种菜肴中。麻辣味型有着冷热菜的分别，冷菜中的麻辣由精盐、白糖、酱油、红油、香油、花椒面（油）调和而成，具有麻、辣、咸、香、味道醇厚的特点。热菜中的麻辣味相对于冷菜，又多出了一个"烫"字，由于"一烫当三鲜"，因此还有一个"鲜"的特点。

（二）糊辣

糊辣类的菜肴以宫保鸡丁最为有名，据说此菜原是来自贵州，但在川菜里红火得让人忘掉了它是贵州籍。调制这种糊辣味型，并非是要把菜肴或者调味料炒糊了吃，而是当干辣椒节和花椒颗粒投入热油锅时，经过高油温的激发，辣椒节和花椒粒在变煳临界点前弥散出来的一种煳辣香气。

（三）鲜辣

鲜辣是川菜近几年发展革新的创举，调制鲜辣味，必须用小米椒做主打调料，因为其他辣椒辣度不够，用之有优柔寡断的感觉，少了鲜辣豪猛的气质，这是其一。必须把小米椒直接改刀入馔，以保天然之风不泯不减，这是其二。至于其他的调味料，则可以根据具体口味搭配增减，没有定则。

（四）香辣

香辣是在麻辣、煳辣等基础上出现的一种味道，在调味过程中，它借用了大量的呈香料，比如花生、芝麻等，让好吃嘴们在嘶嘶抽气中，感受到一种复合的香。典型的香辣味要属街头的老式串串香。一盆烫好的原料，只需要在用辣椒面、花椒面、熟芝麻、碎花生粒和孜然粉兑制的干味碟里蘸上一蘸，其辣、麻、香的特色味道便突显出来了。

（五）糟辣

糟辣味能够崭露头角，与近几年蓉城流行"河鲜系列"菜不无关系，因为许多河鲜菜的主打调味料就是糟辣椒。在人们揭开河鲜菜的秘密以后，糟辣椒也很快变成了新宠，与鸡、鸭、鱼肉、泥鳅，鳝鱼们组合成了无数新菜。制作糟辣椒，需用肉质厚实，色红香辣味正的二荆条海椒。将海椒去蒂洗净晾干水分后，剁成碎块，边剁边翻动，使碎块大小均匀，加上剁碎的姜末、蒜米，再用精盐、白酒拌匀，装坛密封40天后即成。糟辣椒色泽鲜红，香浓辣轻，具有微辣微酸、鲜香脆爽的风味特色，是目前四川特色火锅的主要调料。

除了火锅，糟辣在红汤类热菜中也有出色的表现。

（六）酸辣

酸辣不仅是四川人喜欢的一种辣，云贵高原一带的人们对它似乎宠爱更甚。因为当辣与酸亲密接触后，不但开胃解腻，而且多了一种柔柔的酸味，相对降低了辣的程度。在如今的酸辣味型调味品里，不能不提野山椒。野山椒产自广东，味道既酸又辣，以其为核心，川厨们创出了不少广为人知的菜肴，如爽口老坛子。调制热菜酸辣味，一般都要用酱油、白醋、胡椒粉、野山椒（含汁水）作为主要调味品，以体现咸酸鲜辣的特点。

注意：调制时要做到辣而不燥、酸而不酷，以保持口感纯正。

九、任务检测

（一）知识检测

（1）_____就是将新鲜细嫩的原料，切成条片块形码味后，挂糊或_____，用旺火温油炸至金黄色，外酥内嫩捞出，再_____投入主料，随即烹入兑好的调味汁，颠翻成菜的烹调方法。

（2）根据对主要原料采用加热成熟的方法不同，烹有"_____"和"_____"两种具体方法。

（3）虾是一种_____非常丰富、营养价值很高的食物，其中_____、_____素和无机盐含量比较高，而脂肪含量不但低，且多为不饱和脂肪酸，具有防治_____粥样硬化和冠心病的作用。

（二）拓展练习

课余时间试用其他原料制作如图 6-2-3 所示的炸烹菜肴。

(a)　　　　　　(b)　　　　　　(c)　　　　　　(d)

图 6-2-3　炸烹菜肴
(a) 锅包肉；(b) 炸烹虾仁；(c) 重庆辣子鸡；(d) 香辣兔丁

附录　实习生岗前培训手册

中餐热菜厨房标准工作程序

中餐热菜厨房	职务：全体中餐热菜厨房专业厨师	
序号：01	工作任务：中餐热菜厨房岗位培训	
内容	程序	目的
1. 岗位培训责任（所有中餐烹饪专业学生） 2. 所有中餐烹饪专业学生进行专业培训	1. 在一段时间内所有中餐烹饪专业学生开会进行讨论，总结过去一段时间内自我表现，重申每位中餐烹饪专业学生的职责 2. 定期学习新的菜牌，对每道菜进行认真的分析与讲解、对旧的菜牌内销售不好的菜肴给予总结式更换	1. 这样做可以提高中餐烹饪专业学生自身素质，培养中餐烹饪专业学生责任感，为客人提供优质服务 2. 这样做可以使客人用餐多样化，对旧菜牌的处理，使客人感到我们的诚意
中餐热菜厨房	职务：全体中餐热菜厨房专业厨师	
序号：02	工作任务：职业道德	
内容	程序	目的
责任	具备良好的职业道德 1. 厨师的职责：怎样做一名好厨师 2. 厨师对客人应尽什么样的义务 3. 厨师必须注意卫生 4. 配合餐厅为客人提供优质的服务 5. 加强自身素质和审美能力 6. 严格遵守各项规章制度	厨师在各方面的提高，可以使工作顺利，使客人受益
中餐热菜厨房	职务：全体中餐热菜厨房专业厨师	
序号：03	工作任务：中餐热菜厨房设备使用与养护	
内容	程序	目的
厨房设备	1. 必须爱护厨房设备 2. 定期对设备进行保养 3. 如何使用设备：用前细读使用说明，向专业人士请教 4. 使用设备时应注意安全 5. 设备使用完要恢复整洁	厨房设备是为客人提供服务用的，如果发生损坏就会导致以下情况发生： 1. 安全不能保证 2. 工作程序简单 3. 违章操作 4. 粗制滥造 5. 有损出品质量

中餐热菜厨房	职务：全体中餐热菜厨房专业厨师	
序号：04	工作任务：仪容仪表与纪律	
内容	程序	目的
1. 工服 2. 上下班时间 3. 仪容仪表 4. 厨房劳动纪律	1. 必须保持整洁卫生，上班时间围裙、帽子、手布需佩戴整齐进入厨房 2. 不得迟到，不得早退，不得旷工，上班时提前15分钟打卡，要按班次准时上班 3. 保持个人卫生，穿戴整齐。男同志不得留长发，不留胡须，女同志长发放在帽子里，不留长指甲。工作时间不得佩戴手表、戒指、手链等有碍食品卫生的饰品 4. 不得大声喧哗 5. 不得打闹 6. 不得做与工作无关的事 7. 禁止打私人电话 8. 暂时离开岗位时，要请假向负责人告知去向 9. 不得偷吃 10. 不得浪费原材料 11. 不上班要提前请假	厨师做到这样有助于每日工作的顺利展开；提高自身修养；提高工作质量和效率

中餐热菜厨房	职务：全体中餐热菜厨房专业厨师	
序号：05	工作任务：厨房防火	
内容	程序	目的
厨房防火须知	1. 禁止在厨房内吸烟 2. 油锅要经常检查以防因漏油而引起火灾 3. 油锅须由专人看管，防止油锅由于油过满、油温过高而引起的油溢出锅外起火 4. 经常查看煤气开关，防止煤气泄漏，遇明火而发生火灾 5. 经常查看电源开关和线路，如发现漏电、短路等应及时报告工程部和安保部 6. 要熟悉工作区域内消防器材的位置和使用方法，保持消防器材清洁完好 7. 如遇火警，不要惊慌，及时通知消防中心，并有序撤离现场	保护公司财产，保障生命安全

中餐热菜厨房	职务：全体中餐热菜厨房专业厨师	
序号：06	工作任务：厨房燃气与水电使用	
内容	程序	目的
1. 煤气 2. 电 3. 水	1. 开餐时间以外将煤气开关关好，漏气时及时通知工程部，不用火时将煤气阀门关好 2. 开餐时间以外将不用作照明的灯关好 3. 平时注意水龙头及水管是否漏水，不用水时及时关上水龙头，减少浪费 4. 下班后将水龙头关好	1. 确保安全 2. 减少浪费 3. 节约开支

中餐热菜厨房	职务：全体中餐热菜厨房专业厨师	
序号：07	工作任务：减少厨房餐具与原料人为损耗	
内容	程序	目的
1. 餐具 2. 蔬菜 3. 肉类 4. 水果类 5. 干货	1. 不得随意打碎餐具，应保持餐具的完好 2. 尽量合理运用不同的原料，物尽其用 3. 合理加工，尽量减少次品，按要求处理所需原料 4. 按时令采购水果，减少浪费，降低成本 5. 适量储存，减少库存	原材料的合理使用可以降低成本，减少支出
中餐热菜厨房	职务：全体中餐热菜厨房专业厨师	
序号：08	工作任务：中餐热菜厨房零点菜肴出品标准	
内容	程序	目的
零点	1. 所有零点菜肴必须按照成本配齐并保证斤两一致，所用原材料一致 2. 配菜人员应知成本斤两 3. 出品时应按成本所规定的要求出品，菜肴装盘时要美观 4. 厨师长在菜肴出品时进行检查	有效控制成本及出品
中餐热菜厨房	职务：全体中餐热菜厨房专业厨师	
序号：09	工作任务：厨房燃气使用与安全	
内容	程序	目的
煤气的管理制度： 1. 煤气在不使用时应及时关闭，下班后由厨师长检查总闸是否关闭 2. 如发现有漏气时，应立即关闭总闸，通知工程部检查维修 3. 操作人员在使用煤气过程中，不得擅自离开，如有急事，先关掉煤气或告知其他人	煤气的使用方法： 1. 先将总闸打开，点燃子火再使用 2. 先将子火关掉，再关掉总闸	风险： 正确地使用煤气，可以给我们带来幸福的生活。如果不正确使用将会造成爆炸、火灾、污染、熏人致死等
中餐热菜厨房	职务：上杂	
序号：10	工作任务：蒸箱使用与安全	
内容	程序	目的
蒸箱的安全制度 警告： 1. 严禁总闸打开时所有分闸关闭 2. 严禁以总闸当作分闸 3. 严禁不关闭分闸打开蒸箱门 4. 一旦发现管道漏气，立即关掉总闸，通知工程部检查维修	操作： 先将总闸打开，关闭分闸，打开蒸箱门放入食品，然后关闭蒸箱门，打开分闸	风险： 不正当操作会将人烫伤

中餐热菜厨房	职务：全体中餐热菜厨房专业厨师	
序号：11	工作任务：刀具安全	
内容	程序	目的
刀具安全管理	警告： 1. 禁止在厨房打闹 2. 禁止刀做它用 3. 持刀行走时保持正当的持刀方法	风险： 妥善保管和正确使用可以避免人员伤害

中餐热菜厨房	职务：全体中餐热菜厨房专业厨师	
序号：12	工作任务：炸炉安全操作	
内容	程序	目的
炸炉安全制度	警告： 1. 严禁炸食品时擅自离开岗位 2. 操作过程中如有急事，应关掉火源，将炸锅移开 3. 如油锅起火，立即关掉火源封盖灭火毯，如无法控制应立即通知消防中心	风险： 油锅过热会使油起火，不及时处理会造成火灾

中餐热菜厨房	职务：全体中餐热菜厨房专业厨师	
序号：13	工作任务：搅面机、绞肉机、打碎机安全操作	
内容	程序	目的
搅面机、绞肉机、打碎机的安全制度 警告： 禁止操作过程中将手臂伸入滚筒中	操作程序： 1. 所有操作人员在操作前必须掌握操作步骤 2. 先将加工食品放入滚筒 3. 开启电源开关 4. 如需要用手再次搅拌应先关掉电源	风险： 不正确的操作会造成人员伤害，如触电、搅碎手臂等

中餐热菜厨房	职务：全体中餐热菜厨房专业厨师	
序号：14	工作任务：刨片机安全操作	
内容	程序	目的
刨片机安全制度	操作程序： 1. 操作人员须知步骤 2. 操作前检查螺丝是否拧得牢固，各部件安装是否正确 3. 检查设备是否漏电 4. 操作过程中始终保持注意力集中 5. 如发现漏电应立即通知工程部检查维修	风险： 不正当操作会造成机器的损害及人员重伤

中餐热菜厨房	职务：全体中餐热菜厨房专业厨师	
序号：15	工作任务：厨房柜、门钥匙管理	
内容	程序	目的
钥匙安全管理	保管程序： 1. 每日下班后检查所有门是否锁好，将钥匙交还安保部 2. 钥匙要由专人保管 3. 钥匙不能乱放 4. 钥匙的数量是否正确	风险： 钥匙一旦丢失将会影响餐前准备工作，也会导致食材失窃
中餐热菜厨房	职务：全体中餐热菜厨房专业厨师	
序号：16	工作任务：烤箱安全、地面防滑	
内容	程序	目的
烤箱安全制度	警告： 1. 勿将易燃易爆的食品放入烤箱 2. 烤食品时不能擅自离开岗位 3. 工作完成后将电源切断	风险： 烤箱温度过高会将食品烤着，易造成食品着火，电源短路，烤箱报损
防止地面油滑	警告： 1. 严禁将食品、垃圾、脏油倒在地上 2. 保持地面干燥，清洁，不油滑	风险： 地面湿滑易使人员滑倒，造成不必要的伤害
中餐热菜厨房	职务：全体中餐热菜厨房专业厨师	
序号：17	工作任务：炒锅、打荷每日工作程序	
内容	程序	目的
炒锅工作程序	1. 每天早上准时到岗 2. 查看预定单上的相关食品 3. 做当日自助餐的食品 4. 开餐时炒零点菜肴 5. 准备平时所用的汁酱 6. 每日下班前关好所有的电源、煤气、水等	熟悉工作程序，便于有条不紊地开展工作
打荷工作程序	1. 每天早上准时到岗 2. 将每日所用的各种调料准备齐全 3. 查看汁酱有没有需要做的 4. 将电源、煤气总开关打开 5. 提取每日需用的调料 6. 开餐时负责菜肴的出品及装饰 7. 关餐以后的收档 8. 关好电源、煤气 9. 锁好冰箱及柜子	

中餐热菜厨房	职务：打荷、炒锅	
序号：18	工作任务：中餐热菜厨房每日开档与收档	
内容	程序	目的
开档	1．先开煤气，点上火 2．将鸡汁、鸡油、黑椒汁、糖醋汁、蛋清等调料按顺序要求摆放在打荷台上，码放整齐 3．将各种调料放在炒炉的调料台上 4．将炒菜用的炒勺等用具按要求摆在炉头，摆放整齐 5．将装饰用的花、香菜等准备好 6．查看各种出品的盘子是否齐全 7．提取当天所用的各种调料	有助于开餐时使用便捷，提高出品速度
收档	1．每日关餐后将电源、煤气、水关好 2．将各种易坏的汁酱存放在保鲜柜中 3．将调料碗清洗干净，重新加入调料 4．将案头、炉头清理干净，保持整齐 5．将各种没有用的食品交于配菜人员收好 6．将脏的用具交管事部清洗 7．锁好门柜	

中餐热菜厨房	职务：上杂	
序号：19	工作任务：煲仔菜操作程序	
内容	程序	目的
煲仔俗称砂锅，也就是将做好的菜放入砂锅中食用 （新砂锅首先要用清水浸泡一周左右，这样砂锅可以耐用）	1．将砂锅放在小火上烧热备用 2．当炒锅将菜炒熟后打荷需将热煲仔放置打荷台 3．以菜放在煲仔中会发出声响为准 4．盖上盖子后交给服务员即可	1．了解上杂工作内容和要求 2．用砂锅可以保持食材的新鲜 3．煲仔菜四季皆有，唯冬季最多，煲仔可以使菜肴散热慢，这样客人可以长时间吃到热食品

中餐热菜厨房	职务：上杂	
序号：20	工作任务：铁板菜操作程序	
内容	程序	目的
铁板菜	与煲仔菜类似，只是将炒好的菜放在烧热的铁板上，然后再当客人的面将汁倒入铁板内	1．了解上杂工作内容和要求 2．铁板热度要烧到合适，凉了会失去铁板的意义，过热食品易煳

中餐热菜厨房	职务：打荷	
序号：21	工作任务：开餐时打荷厨师配合炒锅厨师工作案例	
内容	程序	目的
开餐时打荷中餐烹饪专业学生要做的： 食品上粉：有些食品需要上粉炸再炒，如咕噜肉、西柠鸡、橙花鱼柳、松鼠鳜鱼	1. 及时查看零点菜单 2. 将配好菜的菜肴分类交与炒锅 3. 加好相应的汁酱，准备好所需调料 4. 准备菜肴出品时所需容器（盘子） 5. 整理摆放盘中，菜肴的形状美观整洁 6. 将烹制好的食品交与服务员	1. 了解打荷工作内容和要求 2. 这样做可以使客人尽快品尝到既美观又好吃的菜肴 3. 既可使肉类外焦里嫩，又可保持鲜味
上粉有上干粉、水粉两种	1. 上干粉：将所需上干粉的肉类轻轻地撒上生粉即可 2. 上水粉：将所需上水粉的肉类加鸡蛋后蘸生粉，这种粉需"厚"一些	

中餐热菜厨房	职务：打荷	
序号：22	工作任务：开餐时打荷厨师看单分菜与跟单指挥	
内容	程序	目的
看单分菜 由专门人员看单分菜	1. 当服务员将客人点单拿到厨房后，配菜中餐烹饪专业学生迅速将菜配好 2. 将配好的菜与单一起交给打荷 3. 根据单子将菜肴分类然后交给炒锅 4. 习惯上应把贵重的食品交给头火，然后依次类推 原则上单子中的肉类食品应先走，然后走素菜，再走主食	1. 了解打荷工作内容和要求 2. 走菜的顺序：冷菜→刺身（或虾）→鸭子→汤→肉类菜→时蔬→主食→甜品→水果盘

中餐热菜厨房	职务：打荷	
序号：23	工作任务：开餐时打荷厨师开餐前准备工作	
内容	程序	目的
准备工作： 开档	1. 每天上午9点穿戴整齐，准时到岗 2. 到岗后要先将料盒从冰箱中拿出来，墩子码放好，工具准备好 3. 检查料盒中的料头是否齐全，将料盒装满再检查冰箱中的蔬菜是否齐全 4. 查看当天的宴会预订及所需的食品 5. 检查后推车到楼下菜房将缺货全部拿齐 6. 将拿上来的蔬菜洗净整理好，控干水分，放入冰箱待用 7. 将各种料头切好备用 8. 查验肉类及海鲜是否充足 9. 将准备切的肉类解冻，将切制及腌制装盒贴上日期标签，入冻库	1. 了解打荷工作内容和要求 2. 主要工作是将各种用料备齐以备开餐使用，以保证进单后及时配菜，加快出菜速度，减少客人的等候时间

中餐热菜厨房	职务：打荷	
序号：24	工作任务：开餐时打荷厨师跟单配菜工作	
内容	程序	目的
开餐后	1. 进单后按照进单的先后顺序，先进单先配，迅速配制 2. 按照每张单上菜顺序配菜：汤→肉类菜→素菜→主食 3. 配菜时要按成本配料，分量准确 4. 每张单子配菜要齐全不丢菜	1. 了解打荷工作内容和要求 2. 减少客人等候时间，先到的客人能够保证先用餐
中餐热菜厨房	职务：打荷	
序号：25	工作任务：打荷跟单菜品十不传	
内容	程序	目的
开餐后	菜品十不传 1. 菜品不热不传 2. 餐具破损不传 3. 菜品无单不传 4. 菜品盘脏不传 5. 菜品量少不传 6. 菜品有味不传 7. 菜品无盖不传 8. 菜品不符不传 9. 点缀不好不传 10. 不带辅料不传	1. 了解打荷工作内容和要求 2. 保障菜点出品质量
中餐热菜厨房	职务：打荷	
序号：26	工作任务：开餐后打荷厨师收档工作	
内容	程序	目的
收尾工作：收档	1. 将料盒里的小料过水去除油迹，以防第二天变质 2. 将肉类冰箱中的食品全部拿出来，把冰箱擦干净，补齐肉类，如有缺货从库中拿出来，解冻以备第二天使用 3. 将所有的食品用保鲜膜封好擦干净料盒 4. 将蔬菜冰箱的菜筐拿出，擦干净冰箱中的水，码放整齐 5. 将冰箱中的水料盒，如海参、鱿鱼、粉丝、鱼皮丝、鱼肚、豆腐等拿出来换水，并码放整齐 6. 在收档的工作当中如有缺货，比如肉类、海鲜、蔬菜等记录在案，以备第二天早上开档准备齐全 7. 将冲干净的料盒码放整齐放进冰箱中 8. 将案子擦净，刀具磨快洗净，收好 9. 将冰箱锁好 10. 将车擦干净推到楼下菜房中 11. 将厨房钥匙交到安保部	1. 保证食品卫生，对在饭店就餐的客人负责，每日推陈出新 2. 保证第二天准备工作齐全 3. 了解打荷工作内容和要求

中餐热菜厨房	职务：上杂	
序号：27	工作任务：上杂岗位厨师每日工作程序	
内容	程序	目的
工作程序	1. 检查蒸箱等设备是否完好正常 2. 查看每日定单，准备相关食品 3. 蒸好每日两餐的米饭 4. 备齐蒸鱼、海鲜所需的葱丝、葱花 5. 每日上午11点前核实原料库存数量，核实需订的货 6. 每日检查到货的质量 7. 每日下班前检查设备开关是否关闭	1. 了解上杂工作内容和要求 2. 保障开餐时及时提供蒸菜、煲仔菜、炖品、高汤、浓汤、鲍汁及涨发干货

中餐热菜厨房	职务：上杂	
序号：28	工作任务：蒸制食品案例	
内容	程序	目的
案例：蒸鱼（梅菜、清蒸豉汁）	将净鱼放在有葱的盘子上，鱼身上淋鸡油，然后上蒸锅蒸，根据鱼的大小决定时间 出锅去掉葱、鸡油和蒸馏水，撒葱丝、浇热油、浇海鲜汁、撒香菜即可 梅菜不用葱、鸡油豉汁 直接将梅菜、豉汁放在鱼身上蒸即可	1. 了解上杂工作内容和要求 2. 保持鱼肉鲜嫩

中餐热菜厨房	职务：上杂	
序号：29	工作任务：制汤案例	
内容	程序	目的
案例： 炒菜用的二汤 各种肉类的下脚料，如猪腔骨 制作上汤	1. 先用一个汤桶装满水烧开 2. 将各种肉类用水煮过冲凉备用 3. 将煮过的肉放入盛有开水的汤桶里继续用大火烧开后关小火即可	1. 了解上杂工作内容和要求 2. 准备二汤是做菜必备的，二汤用途很多，做各种汤菜要用
金华火腿 老鸡 二号肉 姜白胡椒、陈皮	1. 先将水烧开 2. 将各种肉类用滚水煮过冲凉 3. 将煮过的汤料放入汤桶加姜、白胡椒、陈皮等，水滚开后关小火	

中餐热菜厨房	职务：上杂	
序号：30	工作任务：干货涨发案例	
内容	程序	目的
案例：花胶的涨发	花胶水发法： 1. 花胶先清洗一下，然后接一大盆水，大概没过花胶再高出一两厘米，盖上盖子，浸泡过夜 2. 浸泡过夜的花胶取出，再次清洗。然后烧一大锅水，水滚之后放入姜、葱、料酒 3. 放入花胶，煮2～3分钟熄火，盖上锅盖，焖至水自然冷却 4. 把花胶取出，用流动的水冲洗，然后重新装到一个干净无油的盆里，接满水，放冰箱冷藏继续泡发12小时	1. 了解上杂工作内容和要求 2. 花胶是比较贵的菜肴，花胶涨发的好坏直接关系出品的口感 3. 提前将花胶发好，按成本要求分份，这样做既省时，又可以使每道同样的出品分量一致
	花胶干蒸法： 1. 在方盘上铺些姜、葱，倒入黄酒，再把干的花胶放到方盘上。然后将整个碟子放到锅里蒸15～30分钟，直至花胶蒸软 2. 最后把花胶放入冰或冷水中，放冰箱保鲜层泡发一晚，再清洗干净血、油迹 3. 将发好的花胶按要求分成若干份备用	
中餐热菜厨房	职务：上杂	
序号：31	工作任务：蒸制食品案例	
内容	程序	目的
案例：蒸制食品的制作（梅菜扣肉）	1. 五花肉去毛煮至八成熟 2. 肉皮抹上老抽风干4小时 3. 入油锅炸至上色 4. 洗去油脂，切成3寸厚、1寸宽的片 5. 煸香蒜茸，加入柱候酱、酱豆腐汁、老抽、料酒、糖，炒匀后放入肉片，翻炒入味 6. 将肉片皮向下码入碗中，肉上撒上梅菜，入蒸箱蒸40分钟取出 7. 吃时砂锅用生菜垫底，将肉皮朝上扣入砂锅，上火热2～3分钟	1. 了解上杂工作内容和要求 2. 经过粗细加工和上色使其入味成为味美的食品

中餐热菜厨房	职务：上杂	
序号：32	工作任务：蒸制食品案例	
内容	程序	目的
1. 百花蒸豆腐 2. 豉汁带子蒸豆腐 3. 清蒸鱼：	1. 鲜豆腐一开八，放盘内撒生粉，虾胶摔打上劲，以方片状贴在豆腐上，撒上香菜叶，入蒸箱蒸4分钟，取出，菜心入沸水焯后码在豆腐两边，加适量海鲜豉油 2. 同百花蒸豆腐一样只是虾胶换成进口带子，带子用豉汁腌过码在豆腐上蒸 3. 鱼身下垫葱，身上盖鸡油，放入蒸箱蒸5～6分钟，视鱼的大小质地略有变化 除去鸡油渣，撒上葱丝，热油淋过后加适量海鲜豉油	1. 了解上杂工作内容和要求 2. 装饰好看，味道香嫩 3. 去腥，保持鱼肉的质地滑嫩
中餐热菜厨房	职务：上杂	
序号：33	工作任务：蒸制炖品	
内容	程序	目的
案例 炖汤： 1. 西洋参炖乌鸡 2. 北芪党参炖牛展 3. 花旗参炖生鱼 4. 红枣当归炖乌鸡	1. 乌鸡块肉粒沸水，西洋参洗净，原料加入汤盅中加火腿粒，毛汤烧开后加盐、糖、味精调匀，注入汤盅，用保鲜膜封好蒸4小时 2. 牛展块沸水，党参北芪洗净，原料放入汤盅加火腿粒，毛汤烧开后加盐、糖、味精调匀，注入汤盅，用保鲜膜封好蒸4小时 3. 生鱼块、肉粒沸水，花旗参洗净，原料放入汤盅加火腿粒，毛汤烧开后加精盐、白糖、味精，调匀后注入汤盅，用保鲜膜封好蒸4小时 4. 乌鸡块肉粒沸水，红枣当归洗净，原料放入汤盅加火腿粒，毛汤烧开后加精盐、白糖、味精，调匀后注入汤盅，用保鲜膜封好蒸4小时	1. 了解上杂工作内容和要求 2. 用油纸、保鲜膜或加盖密封是为了保持本味
1. 金银菜煲猪肉 2. 霸王花煲猪展 3. 西瓜煲排	1. 汤骨猪肉沸水，白菜干泡软剪根，沸水漂洗净备用，原料加足量水，烧开后中火煲4小时，然后加精盐调匀 2. 汤骨猪展沸水，霸王花泡软去根，沸水后漂洗干净，原料加足量水，烧开后中火煲4小时，然后加精盐调匀 3. 汤骨排骨沸水，加足量水，大火烧开，西瓜去外皮入汤桶，小火煲4小时，然后加精盐调匀	